城镇供水行业职业技能培训教材

供水营销员

浙江省城市水业协会
浙江省产品与工程标准化协会 组织编写

中国建筑工业出版社

图书在版编目（CIP）数据

供水营销员/浙江省城市水业协会，浙江省产品与工程标准化协会组织编写. —北京：中国建筑工业出版社，2020.2（2023.7重印）
城镇供水行业职业技能培训教材
ISBN 978-7-112-24582-6

Ⅰ. ①供… Ⅱ. ①浙…②浙… Ⅲ. ①城市供水-市场营销学-技术培训-教材 Ⅳ. ①F407.9

中国版本图书馆 CIP 数据核字（2020）第 012055 号

本书是根据《城镇供水行业职业技能标准》CJJ/T 225—2016，结合供水行业的特点，坚持理论联系实际的原则，由供水行业专业人员编写而成。

本书共分九章，从供水营销工作的实际需求出发，主要内容包括供水营销、法律法规、给水工程基础知识、计算机基础知识、抄表计量、会计学原理与水费、水费回收、售水量管理以及用户管理等方面的知识。

本书对供水营销工作的基本理论、水费回收、售水量以及用户管理等做了深入详尽的描述，对供水营销工作具有实际指导意义。

本书可作为供水行业职工的岗前培训、职业技能素质提高培训，同时也可作为职业技能鉴定的参考资料。

责任编辑：赵云波
责任校对：姜小莲

城镇供水行业职业技能培训教材
供水营销员
浙江省城市水业协会
浙江省产品与工程标准化协会　组织编写

＊

中国建筑工业出版社出版、发行（北京海淀三里河路9号）
各地新华书店、建筑书店经销
霸州市顺浩图文科技发展有限公司制版
建工社（河北）印刷有限公司印刷

＊

开本：787×1092毫米　1/16　印张：10¾　字数：262千字
2020年6月第一版　　2023年7月第二次印刷
定价：43.00元
ISBN 978-7-112-24582-6
（35256）

《城镇供水行业职业技能培训教材》编写委员会

主　　任：赵志仁
副 主 任：柳成荫　徐丽东　程　卫　刘兴旺
委　　员：方　强　卢汉清　朱鹏利　郑昌育　查人光
　　　　　代　荣　陈爱朝　陈　柳　邓铭庭
参编单位：杭州市水务集团有限公司
　　　　　宁波市供排水集团有限公司
　　　　　温州市自来水有限公司
　　　　　嘉兴市水务投资集团有限公司
　　　　　湖州市水务集团有限公司
　　　　　绍兴市公用事业集团有限公司
　　　　　绍兴柯桥水务集团有限公司
　　　　　金华市水务集团有限公司
　　　　　浙江衢州水业集团有限公司
　　　　　舟山市自来水有限公司
　　　　　台州自来水有限公司
　　　　　丽水市供排水有限公司
　　　　　浙江省长三角标准技术研究院

本书编委会

主　　编：何建荣　卢汉清
参　　编：陆智勇　刘志刚　张　誉　俞　凡　谢东剑
　　　　　杨　勇　夏　琪　唐建立　张　磊　孙宜冰
　　　　　陈　甬　赵哲颖

序

为贯彻落实《中共中央 国务院关于印发〈新时期产业工人队伍建设改革方案〉的通知》和中央城市工作会议精神，健全住房城乡建设行业职业技能培训体系，全面提高住房城乡建设行业一线从业人员的素质和技能水平，根据《住房城乡建设部办公厅关于印发住房城乡建设行业职业工种目录的通知》（建办人〔2017〕76 号）和《城镇供水行业职业技能标准》CJJ/T 225—2016 要求，结合供水行业的特点，浙江省城市水业协会和浙江省产品与工程标准化协会组织编写了《城镇供水行业职业技能培训教材》。

本套教材共 9 册，分别为《水质检验工》《供水管道工》《供水泵站运行工》《供水营销员》《供水稽查员》《供水客户服务员》《供水调度工》《自来水生产工》《机电设备维修工》。

本套教材结合供水行业的特点，理论联系实际，系统阐述了城镇供水行业从业人员应掌握的安全生产知识、理论知识和操作技能等内容。内容简明扼要，定义明确，逻辑清晰，图文并举，文字通俗易懂。对提升城镇供水行业从业人员职业技能素质具有重要意义。

本套教材编写过程中参考了有关作者的著作，在此表示深深的谢意。

本套教材内容的缺点和不足之处在所难免，希望读者批评、指正。

浙江省城市水业协会
浙江省产品与工程标准化协会

前　言

为贯彻落实《中共中央　国务院关于印发〈新时期产业工人队伍建设改革方案〉的通知》和中央城市工作会议精神，健全住房城乡建设行业职业技能培训体系，全面提高住房城乡建设行业一线从业人员素质和技能水平，住房和城乡建设部结合各地培训需求，制定了《住房城乡建设行业职业工种目录》。现根据《职业工种目录》，依据《城镇供水行业职业技能标准》CJJ/T 225—2016，结合供水行业的特点，由宁波市供排水集团有限公司组织编写了《城镇供水行业职业技能培训教材》中的《供水营销员》。

供水营销员所承担工作的好坏将直接关系到营业所工作的好坏，关系到供水企业的销售收入，经济效益的提高以及用户对企业的评价。因此要求营销员在日常工作中掌握的知识面较广，需要熟悉供水管理多岗位的技能操作，编写组在编写本教材时着重考虑了以下几个方面，力求给予营销员更多供水营销方面实用的指导。

本书比较全面地介绍了供水营销员需要熟知和掌握的基础知识，如市场营销、给水工程、会计学及计算机基础等。同时结合供水行业社会责任型企业建设以及信息化的普及推广应用，着重对抄表计量、水费回收、水费账务处理、售水量和营销业务管理等应用知识等进行了介绍。内容简明扼要，逻辑清晰，图文并举，文字通俗易懂。

本书由何建荣、卢汉清主编，卢汉清主审，其中供水营销知识由何建荣编写；法律法规知识由陆智勇、张誉编写；给水工程基础知识由刘志刚、唐建立编写；计算机基础知识由张誉、俞凡编写；抄表计量由何建荣、张磊编写；会计学原理与水费知识由谢东剑、孙宜冰编写；水费回收知识由陈甬编写；售水量管理知识由杨勇、赵哲颖编写；用户管理知识由夏琪编写。

本书在编写过程中，得到了浙江省城市水业协会、同行、宁波市供排水集团有限公司供水营销技术骨干人员的大力支持。在此，编写组对编委会成员表示诚挚地感谢。

由于编写组水平所限，书中还存在许多不足，恳请同行业专家以及读者批评指正，使它在使用中不断提高和日臻完善。

目　　录

第一章

供水营销

第一节 市场营销学概述

1. 概述

市场营销就是商品或服务从生产者手中移交到消费者手中的一种过程，是企业或其他组织以满足消费者需要为中心进行的一系列活动，市场营销学是系统地研究市场营销活动规律性的一门科学。

（1）市场营销学的产生与发展

20世纪初期市场营销学产生于美国。几十年来，随着社会经济及市场经济的发展，市场营销学发生了根本性的变化，从传统市场营销学演变为现代市场营销学，其应用从营利组织扩展到非营利组织，从国内扩展到国外。当今，市场营销学已成为同企业管理相结合，并同经济学、行为科学、人类学、数学等学科相结合的应用边缘管理学科。西方市场营销学的产生与发展同商品经济的发展、企业经营哲学的演变是密切相关的。美国市场营销学自20世纪初诞生以来，其发展经历了以下几个阶段。

1）萌芽阶段（1900～1920年）

这一时期，各主要资本主义国家经过工业革命，生产力迅速提高，城市经济迅猛发展，商品需求量亦迅速增多，出现了供大于求的卖方市场，企业产品价值实现不成问题。与此相适应的市场营销学开始创立。

这一阶段的市场营销理论同企业经营哲学相适应，即同生产观念相适应。其依据是传统的经济学，是以供给为中心的。

2）功能研究阶段（1921～1945年）

这一阶段以营销功能研究为其特点。1932年，克拉克和韦尔达出版了《美国农产品营销》一书，对美国农产品营销进行了全面的论述，指出市场营销目的是"使产品从种植者那儿顺利地转到使用者手中。这一过程包括3个重要又相互有关的内容：集中（购买剩余农产品）、平衡（调节供需）、分散（把农产品化整为零）"。这一过程包括7种市场营销功能：集中、储藏、财务、承担风险、标准化、推销和运输。1942年，克拉克出版的

《市场营销学原理》一书，在功能研究上有创新，把功能归结为交换功能，实体分配功能、辅助功能等，并提出了推销是创造需求的观点，实际上是市场营销的雏形。

3）形成和巩固时期（1946～1955年）

1952年，范利、格雷斯和考克斯合作出版了《美国经济中的市场营销》一书，全面地阐述了市场营销如何分配资源，指导资源的使用，尤其是指导稀缺资源的使用；市场营销如何影响个人分配，而个人收入又如何制约营销；市场营销还包括为市场提供适销对路的产品。同年，梅纳德和贝克曼在出版的《市场营销学原理》一书中，提出了市场营销的定义，认为它是"影响商品交换或商品所有权转移，以及为商品实体分配服务的一切必要的企业活动"。梅纳德归纳了研究市场营销学的5种方法，即商品研究法，机构研究法，历史研究法，成本研究法及功能研究法。

由此可见，这一时期已形成市场营销的原理及研究方法，传统市场营销学已形成。

4）市场营销管理导向时期（1956～1965年）

奥尔德逊在1957年出版的《市场营销活动和经济行动》一书中，提出了"功能主义"。霍华德在出版的《市场营销管理：分析和决策》一书中，率先提出从营销管理角度论述市场营销理论和应用，从企业环境与营销策略二者关系来研究营销管理问题，强调企业必须适应外部环境。麦卡锡在1960年出版的《基础市场营销学》一书中，对市场营销管理提出了新的见解。他把消费者视为一个特定的群体，即目标市场，企业制定市场营销组合策略，适应外部环境，满足目标顾客的需求，实现企业经营目标。

5）协同和发展时期（1966～1980年）

这一时期，市场营销学逐渐从经济学中独立出来，同管理科学、行为科学、心理学、社会心理学等理论相结合，使市场营销学理论更加成熟。

在此时期，乔治·道宁于1971年出版的《基础市场营销：系统研究法》一书，提出了系统研究法，认为公司就是一个市场营销系统，"企业活动的总体系统，通过定价、促销、分配活动，并通过各种渠道把产品和服务供给现实的和潜在的顾客"。他还指出，公司作为一个系统，同时又存在于一个由市场、资源和各种社会组织等组成的大系统之中，它将受到大系统的影响，同时又反作用于大系统。

1967年，美国著名市场营销学教授菲利浦·科特勒出版了《市场营销管理：分析、计划与控制》一书，该著作更全面、系统地发展了现代市场营销理论。他突破了传统市场营销学认为营销管理的任务只是刺激消费者需求的观点，进一步提出了营销管理任务还影响需求的水平、时机和构成，因而提出营销管理的实质是需求管理，还提出了市场营销是与市场有关的人类活动，既适用于营利组织，也适用于非营利组织，扩大了市场营销学的范围。

1984年，菲力浦·科特勒根据国际市场及国内市场贸易保护主义抬头，出现封闭市场的状况，提出了大市场营销理论，即6P战略：原来的4P（产品、价格、分销及促销）加上两个P——政治权力及公共关系。他提出了企业不应只被动地适应外部环境，而且也应该影响企业的外部环境的战略思想。

6）分化和扩展时期（1981至今）

在此期间，市场营销领域又出现了大量丰富的新概念，使得市场营销这门学科出现了变形和分化的趋势，其应用范围也在不断地扩展。

进入 20 世纪 90 年代以来，关于市场营销、市场营销网络、政治市场营销、市场营销决策支持系统、市场营销专家系统等新的理论与实践问题开始引起学术界和企业界的关注。进入二十一世纪，互联网发展的应用，推动着网上虚拟发展，以及基于互联网的网络营销得到迅猛发展。

（2）核心概念

1）市场营销学的研究对象

市场营销学的研究对象是市场营销活动及其规律，即研究企业如何识别、分析评价、选择和利用市场机会，从满足目标市场顾客需求出发，有计划地组织企业的整体活动，通过交换，将产品从生产者手中转向消费者手中，以实现企业营销目标。

2）需求及相关的欲求和需要

A. 需要（Needs）

指消费者生理及心理的需要，如人们为了生存，需要食物、衣服、房屋等生理需求及安全、归属感、尊重和自我实现等心理需求。市场营销者不能创造这种需要，而只能适应它。

B. 欲求（Wants）

指消费者深层次的需求。不同背景下的消费者欲求不同，比如中国人需求食物则欲求大米饭，法国人需求食物则欲求面包，美国人需求食物则欲求汉堡包。人的欲求受社会因素及机构因素，诸如职业、团体、家庭、教会等影响。因而，欲求会随着社会条件的变化而变化。市场营销者能够影响消费者的欲求，如建议消费者购买某种产品。

C. 需求（Demand）

指有支付能力和愿意购买某种物品。消费者的需要在有购买力作后盾时就变成为需求。许多人想购买奥迪牌轿车，但只有具有支付能力的人才能购买。因此，市场营销者不仅要了解有多少消费者需要其产品，还要了解他们是否有能力购买。

3）产品及相关的效用和价值的满足

A. 产品（Product）

是指用来满足顾客需求和欲求的物体。产品包括有形与无形的、可触摸与不可触摸的。有形产品是为顾客提供服务的载体。无形产品或服务是通过其他载体，诸如人、地、活动、组织和观念等来提供的。当我们感到疲劳时，可以到音乐厅欣赏歌星唱歌（人），可以到公园去游玩（地），可以到室外散步（活动），可以参加俱乐部活动（组织），或者接受一种新的意识（观念）。服务也可以通过有形物体和其他载体来传递。市场营销者切记销售产品是为了满足顾客需求，如果只注意产品而忽视顾客需求，就会产生"市场营销近视症"。

B. 效用、价值和满足（Utility，Value，Satisfaction）

消费者如何选择所需的产品，主要是根据对满足其需要的每种产品的效用进行估价而决定的。效用是消费者对满足其需要的产品的全部效能的估价。产品全部效能（或理想产品）的标准如何确定？例如某消费者到某地去的交通工具，可以是自行车、摩托车、汽车、飞机等。这些可供选择的产品构成了产品的选择组合。又假设某消费者要求满足不同的需求，即速度、安全、舒适及节约成本，这些构成了其需求组合。这样，每种产品有不同能力来满足其不同需要，如自行车省钱，但速度慢，欠安全；汽车速度快，但成本高。

消费者要决定一项最能满足其需要的产品。为此，将最能满足其需求到最不能满足其需求的产品进行排列，从中选择出最接近理想产品的产品，它对顾客效用最大，如顾客到某目的地所选择理想产品的标准是安全、速度，他可能会选择汽车。

顾客选择所需的产品除效用因素外，产品价格高低亦是因素之一。如果顾客追求效用最大化，他就不会简单地只看产品表面价格的高低，而会看每一元钱能产生的最大效用，如一部好汽车价格比自行车昂贵，但由于速度快、修理费少、相对于自行车更安全，其效用可能大，从而更能满足顾客需求。

4）交换、交易和关系

A. 交换（Exchange）

人们有了需求和欲求，企业亦将产品生产出来，还不能解释为市场营销，产品只有通过交换才使市场营销产生。人们通过自给自足或自我生产方式，或通过偷抢方式，或通过乞求方式获得产品都不是市场营销，只有通过等价交换，买卖双方彼此获得所需的产品，才产生市场营销。可见，交换是市场营销的核心概念。

要完成一笔交换，必须满足下列5个条件：

至少要有两个参与交换的伙伴；

参与的一方要拥有另一方希望获得东西；

参与的一方要能与另一方进行沟通，并能将另一方需要的商品或是服务传递过去；

参与一方要有接受或是拒绝的自由；

参与一方要有与另一方交往的欲望。

有时，上述所有的条件都具备了，交换也不一定发生。但是若没有这些条件，交换肯定不会发生。

B. 交易（Transactions）

交换是一个过程，而不是一种事件。如果双方正在洽谈并逐渐达成协议，称为在交换中。如果双方通过谈判并达成协议，交易便发生。交易是交换的基本组成部分。交易是指买卖双方价值的交换，它是以货币为媒介的，而交换不一定以货币为媒介，它可以是物物交换。

交易涉及几个方面，即两件有价值的物品，双方同意的条件、时间、地点，还有来维护和迫使交易双方执行承诺的法律制度。

C. 关系（Relationships）

交易营销是关系营销大观念中的一部分。精明能干的市场营销者都会重视与顾客、分销商、经销商、供应商等建立长期、信任和互利的关系。而这些关系要靠不断承诺及为对方提供高质量产品、良好服务、共同履行诺言及公平价格来实现，靠双方加强经济、技术及社会联系来实现各自目的的营销方式。关系营销可以减少交易费用和时间，最好的交易是使协商成为惯例化。

处理好企业同顾客关系的最终结果是建立起市场营销网络。市场营销网络是由企业同市场营销中介人建立起的牢固的业务关系。

5）市场、营销、市场营销及市场营销者

A. 市场（Markets）

市场由一切有特定需求或欲求并且愿意和可能从事交换来使需求和欲望得到满足的潜

在顾客所组成。一般说来，市场是买卖双方进行交换的场所。但从市场营销学角度看，卖方组成行业，买方组成市场。行业和市场构成了简单的市场营销系统。买方和卖方由四种流程所联结，卖者将货物、服务和信息传递到市场，然后收回货币及信息。现代市场经济中的市场是由诸多种类的市场及多种流程联结而成的。生产商到资源市场购买资源（包括劳动力、资本及原材料），转换成商品和服务之后卖给中间商，再由中间商出售给消费者。消费者则到资源市场上出售劳动力而获取货币来购买产品和服务。政府从资源市场、生产商及中间商购买产品，支付货币，再向这些市场征税及提供服务。因此，整个国家的经济及世界经济都是由交换过程所联结而形成的复杂的相互影响的各类市场所组成的。

B. 营销（Marketing）

营销的任务是辨别和满足人类和社会的需要。对营销所作的最简明的定义是："满足需求的同时而获利。"美国营销协会（AMA）从管理角度所下的定义是：营销既是一种组织职能，也是为了组织自身及利益相关者的利益而创造、传播、传递顾客价值，管理顾客关系的一系列过程。我们从社会和管理角度对营销下定义。社会角度的定义说明了营销的社会作用。从这一角度看，营销是个人和集体通过创造，提供出售，并同别人交换产品和价值，以获得其所需所欲之物的一种社会和管理过程。营销的目的在于深刻地认识和了解顾客，从而使产品或服务完全适合他的需要并形成产品自我销售。营销的对象有十大项：有形的商品、无形的服务、事件、体验、人物、地点、财产权、组织、信息和理念。

C. 市场营销（Marketing）及市场营销者（Marketers）

上述市场概念使我们更全面地了解市场营销概念。它是指与市场有关的人类活动。亦即为满足消费者需求和欲望而利用市场来实现潜在交换的活动。它是一种社会的和管理的过程。

市场营销者则是从事市场营销活动的人。市场营销者既可以是卖方，也可以是买方。作为买方，他力图在市场上推销自己，以获取卖者的青睐，这样买方就是在进行市场营销。当买卖双方都在积极寻求交换时，他们都可称为市场营销者，并称这种营销为互惠的市场营销。

2. 市场营销管理

市场营销管理是指为创造达到个人和机构目标的交换，而规划和实施理念、产品和服务的构思、定价、分销和促销的过程。市场营销管理是一个过程，包括分析、规划、执行和控制。其管理的对象包含理念、产品和服务。市场营销管理的基础是交换，目的是满足各方需要。

市场营销管理的主要任务是刺激消费者对产品的需求，但不能局限于此。它还帮助公司在实现其营销目标的过程中，影响需求水平、需求时间和需求构成。因此，市场营销管理的任务是刺激、创造、适应及影响消费者的需求。从此意义上说，市场营销管理的本质是需求管理。

任何市场均可能存在不同的需求状况，市场营销管理的任务是通过不同的市场营销策略来解决不同的需求状况。

（1）负需求

负需求是指市场上众多顾客不喜欢某种产品或服务，如近年来许多老年人为预防各种老年疾病不敢吃甜点心和肥肉，又如有些顾客害怕冒险而不敢乘飞机，或害怕化纤纺织品有毒物质损害身体而不敢购买化纤服装。市场营销管理的任务是分析人们为什么不喜欢这些产品，并针对目标顾客的需求重新设计产品、定价，作更积极的促销，或改变顾客对某些产品或服务的信念，诸如宣传老年人适当吃甜食可促进脑血液循环，乘坐飞机出事的概率比较小等。把负需求变为正需求，称为改变市场营销。

（2）无需求

无需求是指目标市场顾客对某种产品从来不感兴趣或漠不关心，如许多非洲国家居民从不穿鞋子，对鞋子无需求。市场营销者的任务是创造需求，通过有效的促销手段，把产品利益同人们的自然需求及兴趣结合起来。

（3）潜在需求

这是指现有的产品或服务不能满足许多消费者的强烈需求。例如，老年人需要高植物蛋白、低胆固醇的保健食品，美观大方的服饰，安全、舒适、服务周到的交通工具等，但许多企业尚未重视老年市场的需求。企业市场营销的任务是准确地衡量潜在市场需求，开发有效的产品和服务，即开发市场营销。

（4）下降需求

这是指目标市场顾客对某些产品或服务的需求出现了下降趋势，如近年来城市居民对电风扇的需求已饱和，需求相对减少。市场营销者要了解顾客需求下降的原因，或通过改变产品的特色，采用更有效的沟通方法再刺激需求，即创造性的再营销，或通过寻求新的目标市场，以扭转需求下降的格局。

（5）不规则需求

许多企业常面临因季节、月份、周、日、时对产品或服务需求的变化，而造成生产能力和商品的闲置或过度使用。如在公用交通工具方面，在运输高峰时不够用，在非高峰时则闲置不用。又如在旅游旺季时旅馆紧张和短缺，在旅游淡季时，旅馆空闲。再如节假日或周末时，商店拥挤，在平时商店顾客稀少。市场营销的任务是通过灵活的定价、促销及其他激励因素来改变需求时间模式，这称为同步营销。

（6）充分需求

这是指某种产品或服务目前的需求水平和时间等于期望的需求，但消费者需求会不断变化，竞争日益加剧。因此，企业营销的任务是改进产品质量及不断估计消费者的满足程度，维持现时需求，这称为"维持营销"。

（7）过度需求

是指市场上顾客对某些产品的需求超过了企业供应能力，产品供不应求。比如，由于人口过多或物资短缺，引起交通、能源及住房等产品供不应求。企业营销管理的任务是减缓营销，可以通过提高价格、减少促销和服务等方式使需求减少。企业最好选择那些利润较少、要求提供服务不多的目标顾客作为减缓营销的对象。减缓营销的目的不是破坏需求，而只是暂缓需求水平。

（8）有害需求

这是指对消费者身心健康有害的产品或服务，诸如烟、酒、毒品等。企业营销管理的任务是通过提价、传播恐怖及减少可购买的机会或通过立法禁止销售，称之为反市场营销。反市场营销的目的是采取相应措施来消灭某些有害的需求。

3. 应用及发展

第二次世界大战之后，市场营销学发生了根本性的变化，从传统市场营销学演变为现代市场营销学，市场营销学日益广泛应用于社会各领域，同时，从美国拓展到其他国家。

（1）市场营销学广泛应用于社会各领域

市场营销观念和理论首先被引进生产领域，先是日用品公司，如小包装消费品公司，继而被引入耐用消费品公司，接着被引进工业设备公司，稍后被引入重工业公司诸如钢铁、化工公司。其次，从生产领域引入服务业领域，先是被引入航空公司、银行，继而保险、证券金融公司。后来，又被专业团体，诸如律师、会计师、医生和建筑师所运用。

由于资本主义国家将一切都视为商品，连其社会领域及政治领域也商品化，因而市场营销原理与方法亦应用于这些领域，如将市场营销方法应用于大学、医院、博物馆及政府政策的推行等社会领域中；又如法国政府应用市场营销原则与方法了解公众对政府废除死刑及扩大欧洲共同体的看法，根据公众不同的政见进行市场细分，然后采用广告宣传去影响或改变公众对政府政策的反对态度；再如西方国家政党及政治候选人应用市场营销方法对选民进行市场细分，对选民进行广告宣传，争取选民投票支持。市场营销的应用还从国内扩展至国际市场。

与市场营销学应用范围的扩大相适应，市场营销学从基础市场营销学扩展为工业市场营销学、服务市场营销学、社会市场营销学、政治市场营销学及国际市场营销学。

（2）市场营销学在各国应用的发展

20 世纪初，市场营销学首创于美国，随后广泛应用于各个领域。20 世纪 50 年代市场营销学开始传播到其他西方国家。日本于 20 世纪 50 年代初开始引进市场营销学，1953年日本东芝电气公司总经理石坂泰三赴美参观访问，回到日本的第一句话是："我们要全面学习市场营销学"。1955 年日本生产力中心成立，1957 年日本营销协会成立。这两个组织对推动营销学的发展起了积极作用。20 世纪 60 年代，日本经济进入快速发展时期，市场营销原理和方法广泛应用于家用电器工业，市场营销观念被广泛接受。20 世纪 60 年代末 70 年代初，社会市场营销观念开始引起日本企业界的关注。从 20 世纪 70 年代后期起，随着日本经济的迅猛发展及国际市场的迅速扩大，日本企业开始从以国外各个市场为着眼点的经营战略向全球营销战略转变。

20 世纪 50 年代，市场营销学亦传播到法国，最初应用于英国在法国的食品分公司。20 世纪 60 年代开始应用于工业部门，继而扩展到社会服务部门。1969 年被引进法国国营铁路部门。20 世纪 70 年代初，市场营销学课程先后在法国各高等院校开设。

20 世纪 60 年代后，市场营销学被引入原苏联及东欧国家。

中国则是自改革开放以后，才开始引进市场营销学的。首先是通过对国外市场营销学书刊杂志及国外西方学者讲课内容进行翻译介绍。其次，自 1978 年以来选派学者、专家、学生赴国外访问、学习、考察国外市场营销学开设课程状况及国外企业对市场营销原理的应用情况，还邀请外国专家和学者来国内讲学。1984 年 1 月，中国高校市场学会成立，继而各省先后成立了市场营销学会。这些营销学术团体对于推动市场营销学理论研究及在企业中的应用起了巨大的作用。如今，市场营销学已成为各高校的必修课，市场营销学原理与方法也已广泛地应用于各类企业。由于各地区、各部门之间生产力发展不平衡，产品市场趋势有别，加之各部门经济体制改革进度不一，各企业经营机制改革深度不同等，使市场营销学在各地区、各部门、各类企业的应用程度不尽相同。

第二节　供水营销员职业道德

1. 习近平新时代中国特色社会主义思想

2017 年 10 月 18 日，在中国共产党第十九次全国代表大会上习近平总书记首次提出"新时代中国特色社会主义思想"。新时代中国特色社会主义思想是全党全国人民为实现中华民族伟大复兴而奋斗的行动指南。2017 年 10 月 24 日，中国共产党第十九次全国代表大会通过了关于《中国共产党章程（修正案）》的决议，习近平新时代中国特色社会主义思想写入党章。

习近平新时代中国特色社会主义思想是在中国共产党第十九次全国代表大会上提出的。习近平新时代中国特色社会主义思想，用八个"明确"清晰阐明。用十四项基本方略进行具体谋划，吸引着想要透过中国找寻未来方向的世界目光，代表着马克思主义中国化的最新成果。2018 年 3 月 11 日，习近平新时代中国特色社会主义思想载入宪法，在党内外、在全国上下已经形成广泛的高度认同。

习近平新时代中国特色社会主义思想是习近平新时代中国特色社会主义思想的具体展开和内涵逻辑，从世界观和方法论的高度，系统全面地回答了中国特色社会主义进入新时代后，中国共产党的"新目标""新使命"，面临的"新矛盾"等一系列带有根本性的问题，与治党治国治军的各方面工作紧密相连，既有理论高度，更具实践价值，将指导我们更好坚持和发展中国特色社会主义。

明确坚持和发展中国特色社会主义，总任务是实现社会主义现代化和中华民族伟大复兴，在全面建成小康社会的基础上，分两步走，在 21 世纪中叶建成富强民主文明和谐美丽的社会主义现代化强国；

明确新时代我国社会主要矛盾是人民日益增长的美好生活需要和不平衡不充分的发展之间的矛盾，必须坚持以人民为中心的发展思想，不断促进人的全面发展、全体人民共同富裕；

明确中国特色社会主义事业总体布局是"五位一体"、战略布局是"四个全面"，强调坚定道路自信、理论自信、制度自信、文化自信；

明确全面深化改革总目标是完善和发展中国特色社会主义制度、推进国家治理体系和治理能力现代化；

明确全面推进依法治国总目标是建设中国特色社会主义法治体系、建设社会主义法治国家；

明确党在新时代的强军目标是建设一支听党指挥、能打胜仗、作风优良的人民军队，把人民军队建设成为世界一流军队；

明确中国特色大国外交要推动构建新型国际关系，推动构建人类命运共同体；

明确中国特色社会主义最本质的特征是中国共产党领导，中国特色社会主义制度的最大优势是中国共产党领导，党是最高政治领导力量，提出新时代党的建设总要求，突出政治建设在党的建设中的重要地位。

习近平新时代中国特色社会主义思想基本方略是坚持党对一切工作的领导、坚持以人民为中心、坚持全面深化改革、坚持新发展理念、坚持人民当家作主、坚持全面依法治国、坚持社会主义核心价值体系、坚持在发展中保障和改善民生、坚持人与自然和谐共生、坚持总体国家安全观、坚持党对人民军队的绝对领导、坚持"一国两制"和推进祖国统一、坚持推动构建人类命运共同体、坚持全面从严治党。

2. 社会主义核心价值观

社会主义核心价值观是社会主义核心价值体系的内核，体现社会主义核心价值体系的根本性质和基本特征，反映社会主义核心价值体系的丰富内涵和实践要求，是社会主义核心价值体系的高度凝练和集中表达。

党的十八大以来，中央高度重视培育和践行社会主义核心价值观。习近平总书记多次作出重要论述、提出明确要求。中央政治局围绕培育和弘扬社会主义核心价值观、弘扬中华传统美德进行集体学习。中办下发《关于培育和践行社会主义核心价值观的意见》。党中央的高度重视和有力部署，为加强社会主义核心价值观教育实践指明了努力方向，提供了重要遵循。

2017年10月18日，习近平同志在十九大报告中指出，要培育和践行社会主义核心价值观。要以培养担当民族复兴大任的时代新人为着眼点，强化教育引导、实践养成、制度保障，发挥社会主义核心价值观对国民教育、精神文明创建、精神文化产品创作生产传播的引领作用，把社会主义核心价值观融入社会发展各方面，转化为人们的情感认同和行为习惯。

党的十八大提出，倡导富强、民主、文明、和谐，倡导自由、平等、公正、法治，倡导爱国、敬业、诚信、友善，积极培育和践行社会主义核心价值观。富强、民主、文明、和谐是国家层面的价值目标，自由、平等、公正、法治是社会层面的价值取向，爱国、敬业、诚信、友善是公民个人层面的价值准则，这24个字是社会主义核心价值观的基本内容。

3. 全民思想道德培育

（1）广泛开展道德实践活动。以诚信建设为重点，加强社会公德、职业道德、家庭美德、个人品德教育，形成修身律己、崇德向善、礼让宽容的道德风尚。大力宣传先进典型，评选表彰道德模范，形成学习先进、争当先进的浓厚风气。在国家博物馆设立英模陈列馆。深化公民道德宣传日活动，组织道德论坛、道德讲堂、道德修身等活动。加强政务诚信、商务诚信、社会诚信和司法公信建设，开展道德领域突出问题专项教育和治理，完善企业和个人信用记录，健全覆盖全社会的征信系统，加大对失信行为的约束和惩戒力度，在全社会广泛形成守信光荣、失信可耻的氛围。把开展道德实践活动与培育廉洁价值理念相结合，营造崇尚廉洁、鄙弃贪腐的良好社会风尚。

（2）深化学雷锋志愿服务活动。大力弘扬雷锋精神，广泛开展形式多样的学雷锋实践活动，采取措施推动学雷锋活动常态化。以城乡社区为重点，以相互关爱、服务社会为主题，围绕扶贫济困、应急救援、大型活动、环境保护等方面，围绕空巢老人、留守妇女儿童、困难职工、残疾人等群体，组织开展各类形式的志愿服务活动，形成我为人人、人人为我的社会风气。把学雷锋和志愿服务结合起来，建立健全志愿服务制度，完善激励机制和政策法规保障机制，把学雷锋志愿服务活动做到基层、做到社区、做进家庭。

（3）深化群众性精神文明创建活动。各类精神文明创建活动要在突出社会主义核心价值观的思想内涵上求实效。推进文明城市、文明村镇、文明单位、文明家庭等创建活动，开展全民阅读活动，不断提升公民文明素质和社会文明程度。广泛开展美丽中国建设宣传教育。开展礼节礼仪教育，在重要场所和重要活动中升挂国旗、奏唱国歌，在学校开学、学生毕业时举行庄重简朴的典礼，完善重大灾难哀悼纪念活动，使礼节礼仪成为培育社会主流价值的重要方式。加强对公民文明旅游的宣传教育、规范约束和社会监督，增强公民旅游的文明意识。

（4）发挥优秀传统文化怡情养志、涵育文明的重要作用。中华优秀传统文化积淀着中华民族最深沉的精神追求，包含着中华民族最根本的精神基因，代表着中华民族独特的精神标识，是中华民族生生不息、发展壮大的丰厚滋养。建设优秀传统文化传承体系，加大文物保护和非物质文化遗产保护力度，加强对优秀传统文化思想价值的挖掘，梳理和萃取中华文化中的思想精华，作出通俗易懂的当代表达，赋予新的时代内涵，使之与中国特色社会主义相适应，让优秀传统文化在新的时代条件下不断发扬光大。重视民族传统节日的思想熏陶和文化教育功能，丰富民族传统节日的文化内涵，开展优秀传统文化教育普及活动，培育特色鲜明、气氛浓郁的节日文化。增加国民教育中优秀传统文化课程内容，分阶段有序推进学校优秀传统文化教育。开展移风易俗，创新民俗文化样式，形成与历史文化传统相承接、与时代发展相一致的新民俗。

（5）发挥重要节庆日传播社会主流价值的独特优势。开展革命传统教育，加强对革命传统文化时代价值的阐发，发扬党领导人民在革命、建设、改革中形成的优良传统，弘扬民族精神和时代精神。挖掘各种重要节庆日、纪念日蕴藏的丰富教育资源，利用"五四""七一""八一""十一"等政治性节日，"三八""五一""六一"等国际性节日，党史国史上重大事件、重要人物纪念日等，举办庄严庄重、内涵丰富的群众性庆祝和纪念活动。利用党和国家成功举办大事、妥善应对难事的时机，因势利导地开展各类教育活动。加强爱国主义教育基地建设，形成实体展馆与网上展馆相结合、涵盖各个历史时期的爱国主义教育基地体系。推进公共博物馆、纪念馆、爱国主义教育基地和文化馆、图书馆、美术馆、科技馆等免费开放，积极发展红色旅游。

（6）运用公益广告传播社会主流价值、引领文明风尚。围绕社会主义核心价值观，加强公益广告的选题规划和内容创意，形成公益广告传播先进文化、传扬新风正气的强大声势。加大公益广告刊播力度，广播电视、报纸期刊要拿出黄金时段、重要版面和显著位置，持续刊播公益广告。互联网和手机媒体要发挥传输快捷、覆盖广泛的优势，运用多种方式扩大公益广告的影响力。社会公共场所、公共交通工具要在适当位置悬挂张贴公益广告。各类公益广告要注重导向鲜明、富有内涵、引人向上，注重形式多样、品位高雅、创意新颖，体现时代感厚重感，增强传播力感染力。

4. 城镇供水职工职业道德规范

（1）职工职业道德规范总则

热爱本职工作，献身供水事业；钻研科学技术，精通本职业务；保证安全供水，事事方便用户；廉洁奉公守纪，决不以水谋私；团结协作互助，文明礼貌服务。其核心：安全供水，方便用户。

（2）制水工人职业道德规范

发扬主人翁精神，热爱制水工作；刻苦钻研技术，提高劳动技能；坚持用户至上，保证供水质量；严守劳动纪律，确保安全供水；坚持文明生产，努力节能降耗。其核心：爱岗尽责，确保水质，安全供水。

要求做到：

1）以对社会负责精神热爱供水事业，热爱本岗工作、自觉地为多供水、供好水作出贡献。

2）努力学习现代科学技术，适应城市供水科技发展要求，刻苦钻研生产技术，争当本行业务能手。

3）树立客户至上思想，以对客户负责精神，坚持技术规范，精心操作，保证制水质量，满足客户对高质量自来水的需求。

4）自觉遵守劳动纪律和企业规章制度，熟悉设备性能、特点，严格按标术、管理标准进行操作，确保设备正常运行和安全生产。

5）发挥团结协作精神，坚持文明生产，保持工作环境整洁；积极参加降耗节支活动，勤俭节约，挖潜生产潜力，降低能耗、药耗，杜绝跑冒滴漏现象的发生。

（3）管道工人职业道德规范

热爱管道工作，一心为民造福；钻研管道技术，提高装修技能；坚持用户第一，保证装修质量；严守职业纪律，不搞以水谋私；团结协作互助，讲究文明施工。其核心：装修及时，保证质量，文明施工。

要求做到：

1）管道安装工程要挂牌施工，应注明施工路段、工期、施工单位、施工负责人和监督电话。

2）施工场地应与车辆、行人分隔，设安全护栏，夜间应设警示灯。

3）施工要便民。穿越路口应放置过道板，土方堆放、沟内排水要按规定处理，施工现场机具停放、材料堆放、工棚搭建除经批准断绝交通外，要保证车辆、行人通行。

4）施工期间要注意保护其他地下设施，施工后做到工完、料尽、场地清。

5）计划断水，三天前应通知客户；紧急断水应及时通知重要客户，并通知有关部门做好解释工作。

6）在施工中不得任意向客户收费或摊派客户做辅助小工，禁止向客户"吃、拿、卡、要"。

7）接水施工要严格信守诺言，按规定时间完工通水，安装质量符合图纸规定，满足客户合理要求。

（4）营业职工职业道德规范

热爱营业工作，处处方便用户；精通业务，提高服务水平；严守供水章程，维护用户利益；自觉遵章守纪，决不以权谋私；尊师爱徒互助，文明礼貌服务。其核心：报装简便，查收合理，礼貌服务。

要求做到：

1）客户申请，热情接待，用语文明，主动说明申办程序和注意事项。

2）上门查勘服务，主动表明身份，说明来意，举止文明。

3）对客户提出的接水申请或图纸不符合规定时，要耐心解释，热情指导。

4）接水申请、安装程序、时限、收费标准、纪律等制度要公开，接受客户监督；简化办事程序，提高办事效率，严守办事制度，履行服务承诺，遵守接水纪律，不以权谋私。

5）接电话时应微笑解答问题，友好地对待客户，注意调整语气迎合客户，正确使用称谓，不说服务忌语，不敷衍了事。

6）自觉遵守电话礼仪，铃响三声内应接听电话，问候来电者，自报姓名，询问客户是否需要帮助，正确掌握让客户等候，接转电话、记录留言等服务技巧。

7）严格按操作规程，完成登录、发送、反馈、未办件搜索等工作，保证每一来电有记录、有处理、有反馈、不超时限。

（5）管理工作人员职业道德规范

热爱供水事业，勇于开拓创新；精通业务技术，加强科学管理；搞好供水服务，维护行业信誉；廉洁奉公守纪，处处以身作则；密切联系群众，甘为人民公仆。其核心：科学管理，廉政勤政，甘为公仆。

要求做到：

1）坚持以客户为中心的指导思想，一切经营活动以为客户提供满意服务为标准。

2）努力学习，开拓创新，提高经营管理素质和能力。成为本职工作的内行、专家。

3）深入基层，调查研究，掌握企业内外环境变化，实行科学决策，科学管理，提高办事效率。

4）自觉遵守法，廉洁奉公，勤奋工作，追求卓越，不计名利，坚持求实精神，处处以身作则，甘当人民公仆。

5）坚持两手抓，两手都硬方针，促进城市供水事业发展。

6）发扬民主，像对待客户一样对待自己员工，注意工作方法，注重人际关系，尊重员工人格和意见，关心员工生活。

5. 城市供水行业职业道德建设

城市供职业道德与社会的生产和管理密切相关，是社会主义道德体系的主体部分。城市供水行业与人民日常生活关系密切，直接为群众服务，人民群众对供水行业的职业道德状况格外关注，格外敏感。作为"窗口"行业的城市供水企业，培育良好的职业道德，改进服务质量，提高服务水平，重视"窗口"行业新形象，是摆在我们面前的一个重要课题。

城市供水行业是为城市经济建设和人民生活服务的行业，职业道德建设应当突出"为人民服务"这个主题，要求员工爱岗敬业、诚实守信、办事公道、服务群众、奉献社会，其中最为关键的是教育引导员工牢固树立敬业、乐业、精业意识。

爱岗敬业，就是要正确认识工作岗位的责任、权利和义务，根据供水行业的"服务"特点，充分认识敬业精神和服务意识的重要性。如果没有敬业精神，工作责任心不强，当一天和尚撞一天钟，也不可能在本职工作中服务群众，奉献社会。乐业，就是为自己从事的工作感到自豪，积极、主动、热情、真心为用户服务。在为服务对象服务过程中，有没有乐业精神，得到的结果可能相同，但效果大不一样。服务态度好，就会得到人的赞赏；反之，就会受到人们的批评。所以，端正员工的服务态度，增强员工的乐业意识，是加强职业道德建设的一个重要环节。精业，就是业务纯熟，精益求精。要求员工钻研业务，提高业务素质和办事效率。敬业、乐业要靠精业把它们落到实处。三者既相互联系，又互相促进，敬业是基础，乐业是关键，精业是保证，三者共同构成良好的职业道德的主体。

（1）建立健全职业道德行为规范

建立职业道德行为规范，是加强职业道德建设的基础性工作，有了规范，员工便明确该怎样做，不该怎样做，什么话能说，什么话不能说。供水企业作为直接为社会服务的窗口企业，抄表工、收费工、安装维修工等，都是直接为服务对象服务，他们的一言一行体现着本行业的风气，代表着单位的形象和信誉。因此，建立健全职业道德行为规范，显得尤为重要。

（2）强化职业道德的宣传教育及模范示范工作

典型示范、以点带面是做好职业道德教育工作的重要手段，宣传学习先进典型也是加强职业道德建设的一条有效途径。在实际工作中，要大力宣传学习先进模范人物，在员工中树立起学习仿效的标杆，使典型产生较大的影响力和感召力。同时，及时树立、宣传本企业的先进典型，请他们做报告、讲经验，使员工学有榜样，赶有目标。树立学习先进典型，是加强职业道德教育的很好的"教材"。

（3）以各种活动为载体，教育引导员工爱岗敬业

教育引导员工敬业、精业是加强职业道德建设的一项至关重要的内容。通过职业劳动使得用户满意应是自来水行业服务的宗旨，只有通过长期的、反复的教育、宣传、灌输，才能使职业道德意识变为员工的自觉意识，从而使得"全心全意为用户服务"的宗旨成为每一个工作岗位，每一个工作环节。对员工进行敬业、精业教育，要以各种活动为载体。在坚持正面教育、灌输的同时，开展丰富多彩的活动形式，吸引员工都参加到活动中去，寓教于乐，使员工潜移默化，激励广大员工，增强优质服务意识。

（4）以窗口单位为重点，向社会承诺，树立良好的行业风气

对外窗口单位一向是职业道德建设的重点和难点，针对存在的服务意识淡薄、工作效率低、故意刁难用户等个别不良行为，建立健全《服务承诺制度》，建立客户服务中心，向社会作出公开承诺，确保一诺千金，树立企业良好的行业风气。

（5）建立监督、制约、激励机制，确保良好职业道德的形成

完善的制度、建立健全监督制约机制是加强职业道德建设的保证，可以进一步提高职业道德建设的有效性。加强职业道德建设，其中重要的一项工作是抓好制度建设，强化内部管理，形成有效的监督制约机制。如实行持证上岗，制订严格的考核制度，从社会各界聘请义务监督员等，以加大监督力度。由于对各服务"窗口"岗位采取思想教育和经济赔偿、奖励、处罚相结合的办法，把监督制约，激励三种机制有机结合，同步实施，确保了各项制度的落实和良好职业道德的形成。

第三节 供水营销员在企业中的作用

1. 供水企业在国民经济中的地位

水是人类赖以生存和发展的不可缺少的物质资源和战略性经济资源，供水行业关系国计民生，与人们日常工作、生产和生活关系密切，在国民经济中占有重要地位，是社会进步和经济发展的重要支柱。随着中国城市化进程的加快，供水行业的重要性日益凸显，是城市现代化的重要组成部分，是经济和社会可持续发展的重要保障，是影响国民经济发展

全局的先导基础产业，对促进国民经济发展和人民生活水平的提高发挥着重要作用。水的特点决定了供水企业在国民经济中具有不可替代性、垄断性以及依赖性。

2. 营业所在供水企业中的地位和职责

营业所是供水企业中产、供、销三要素中的"销"要素，营业所即是供水企业中完成销售收入的主要部门，又是企业与用户之间的重要桥梁和窗口。营业所销售收入的多少，将直接影响供水企业的正常运行与发展，而买卖是否公平诚信、计量是否正确、服务是否优质，又直接关系到供水企业的形象以及用户对企业甚至对政府的评价。随着国民经济的发展、改革的深入和市场营销观念的确立，营业所在供水企业中的地位和作用将变得越来越重要。

3. 供水营销员在营业所的作用

供水营销员是营业所的基本工种，营业所的主要工作都是依靠供水营销员来完成的。因此供水营销员所承担工作的好坏将直接关系到营业所工作的好坏，关系到供水企业的销售收入，经济效益的提高，关系到用户对企业的评价。

供水营销员的工作特征：

一是持续性：即一个自然人或法人一旦成为供水企业的用户，那么供水营销员必须持续的为其服务，不得终止或间断。

二是广泛性：供水营销员必须对供水企业的所有用户提供服务。

三是严肃性：供水营销员在为用户服务的过程中，必须严格按照有关法规条例和规定章程进行，不得随心所欲，擅自变通。

第四节　供水营销员岗位及职责

1. 抄表岗位

抄表人员的岗位职责如下：

（1）负责完成所属区域用户的当日抄表任务，将抄读数据准确录入抄表系统（比如手工抄、抄表机抄读、手机抄表等），并打印抄告通知单送交用户，同时负责已抄读数据的上传和次日抄表初始数据的下载工作。

（2）负责完成所属区域欠费用户的水费催缴单的送递工作。

（3）负责所属区域故障水表的信息反馈工作。

水表故障情况包括：碎表；停表；污表；倒走；倒装；水表跳针；针偏位；供水设施漏水；表箱、井盖破损；水表埋没；水量异常（量高量低、长期零度、长期停用）；有卡无表；有表无卡；表位不合理须盘高、移位；违章用水等。

（4）负责所属区域立户信息以及用户资料的核实和反馈工作，包括立户遗漏、户名、通讯地址、联系电话、表位、水表钢印号及用水性质的核实等。

（5）针对水量异常的用户，严格按照企业相关处理规定执行相应程序。

（6）负责所属区域内偷盗用水、破坏供水设施、擅自改变用水性质等违法违规行为的巡查和反馈。

（7）负责所属区域用户的供水法规宣传和解释工作，帮助用户解答用水过程中遇到的问题，不能现场处理的，应及时转供水企业热线。

2. 抄表复核岗位

抄表复核岗位人员主要负责辖区内有疑问水表的实地复核、质量抽检工作,其主要工作内容如下:

(1) 对内复有疑问的水表,及时进行现场复查。

内复问题包括:量高、量低;各类抄表人员记录的情况等。

(2) 对用户反映的抄表质量问题和疑难问题,及时到现场核实处理。

(3) 对发现的重要用水计量问题,提出处理意见,报批办理。

(4) 按一定比例对抄表质量进行抽检,做好质检记录并及时反映质检情况。

(5) 对用户提出的用水性质变更、过户申请等情况及时到现场做好核实工作。

3. 业务接待岗位

业务接待岗位人员主要负责用户水费的大厅收取;辖区内新装、改装水表费用及工程款的收取;做好过户、托收、增值税等用水业务受理;提供各类供水业务咨询。

其主要工作内容如下:

(1) 用户大厅水费收取以及票据打印。

(2) 受理用户户名变更、地址变更、用水性质变更等业务。做好各类信息登记、录入工作。

(3) 受理用户的给水申请、水表盘高、移位、增容、销户、水表检定申请、阶梯式用户用水人口核定、供用水合同签订等业务。

(4) 做好查勘费、拆表费、复接费、验表费等各种费用的收取和工程款的收取、结算及催讨工作。

(5) 受理托收用户账号、开户银行、增值税等申请、变更业务。做好托收不成功用户的联系工作。

(6) 做好来人来电的接待、处理工作,耐心解答用户提出的有关供水问题。

(7) 协助做好用户档案资料的收集、整理和移交工作。

4. 水费账务处理岗位

水费账务处理岗位人员负责辖区抄表质量复核、用户接待、用户资料和卡册日常管理等工作。

其主要工作内容如下:

(1) 负责卡册的日常管理工作。做好对抄表卡册的复核工作和对水量异常的水表分析复工作。

(2) 做好对抄表质量情况的台账记录(包括应抄、未抄、漏抄)工作。

(3) 做好来访用户的接待及问题处理工作。

(4) 按规定办理非周期表的开单及各类工作联系单。

(5) 做好各类用户资料的整理和移交工作。

(6) 办理由于抄表、录入、漏水等原因产生的水费调整、减免等申报手续。

思 考 题

1. 请简要说明需要、欲求、需求三者的关系及差别。

2. 请简要阐述市场营销的概念。

3. 请问什么是负需求？

4. 制水工人职业道德规范中有哪些要求？

5. 请简要说明供水营销员在营业所的作用。

6. 抄表岗位有哪些职责？

7. 水费账务处理岗位有哪些职责？

第二章

法 律 法 规

第一节 合同法概述

1. 合同法相关知识

由中华人民共和国第九届全国人民代表大会第二次会议于 1999 年 3 月 15 日通过，于 1999 年 10 月 1 日起施行，共计二十三章四百二十八条。在我国，合同法是调整平等主体之间的交易关系的法律，它主要规定合同的订立、合同的效力及合同的履行、变更、解除、保全、违约责任等问题。

（1）订立原则

1）合同当事人的法律地位平等，一方不得将自己的意志强加给另一方。

2）当事人依法享有自愿订立合同的的权利，任何单位和个人不得非法干预。

3）当事人应当遵循公平原则确定各方的权利和义务。

4）当事人行使权利、履行义务应当遵循诚实守信的原则。

5）当事人订立、履行合同，应当遵循法律、行政法规，尊重社会公德，不得干扰社会经济秩序，损害社会公共利益。

（2）合同的含义

双方或多方当事人（自然人或法人）关于建立、变更、消灭民事法律关系的协议。此类合同是产生债的一种最为普遍和重要的根据，故又称债权合同。《中华人民共和国合同法》所规定的经济合同，属于债权合同的范围。合同有时也泛指发生一定权利、义务的协议，又称契约。如买卖合同、师徒合同、劳动合同以及工厂与车间订立的承包合同等。

（3）合同的法律特征

1）合同是双方的法律行为。即需要两个或两个以上的当事人互为意思表示（意思表示就是将能够发生民事法律效果的意思表现于外部的行为）。

2）双方当事人意思表示须达成协议，即意思表示要一致。

3）合同系以发生、变更、终止民事法律关系为目的。

4）合同是当事人在符合法律规范要求条件下而达成的协议，故应为合法行为。

合同一经成立即具有法律效力，在双方当事人之间就发生了权利、义务关系；或者使原有的民事法律关系发生变更或消灭。当事人一方或双方未按合同履行义务，就要依照合同或法律承担违约责任。

2. 供用合同

供用合同是指供应人与用户签订的，供应人向用户供应电力、自来水、燃气、热力等，用户支付相应价款的合同。供应人包括电力公司、自来水公司、燃气公司、热力公司等。用户的范围较广泛，既包括自然人，又包括企业法人、机关法人、社会经济组织及社会团体等。

供用合同的产生，是社会经济发展的必然产物，是国家对经济生活干预逐步强化的结果。国家对供用电合同进行干预，制定了一系列法律，预先规定合同的内容和方式，当事人的权利和义务等，使合同在更大的范围内趋于统一。合同法中供用合同的确定体现了合同的社会化发展趋势。

供用合同就其性质而言仍属于转移财产所有权的合同，仍为买卖合同的一种，是一种特殊的买卖合同。供用合同与买卖合同相比，有其特殊性，具体表现为：

1）合同主体的特殊性

合同法规定供用合同的供应人限于承担一定的以社会服务为目的的公益性法人单位，并且具有行业垄断性。电力公司、自来水公司、燃气公司、热力公司均承担着为人民服务的社会职能，并在一定范围内独家经营，处于垄断地位。

2）合同标的物的特殊性

电力、自来水、燃气及热力与人民生活密切相关，是人们工作和生活必不可少的物资保障。它们均属于特殊商品。以电力为例，电是一种看不见摸不着的商品，但它又是客观存在并能发挥一定效能的物质。电力不可储存，电力供用合同的履行具有产、供、销同时完成，持续供给的特点，不存在一般买卖合同中的退货问题。

3）合同内容的特殊性

电力、自来水、燃气及热力均是国家重要的物质资源，供用合同的签订及履行关系到国家资源的分配及利用，因此国家对供用合同进行一定的计划管理。供用合同内容受行政干预的因素较多，如标的物的价格、当事人的权利、义务、责任等，均应以国家颁布的法律、法规为依据，合同条款不得与它相抵触。国家还成立专门的机构对供用合同进行监督与管理，以保证合同的履行及国家计划的执行，所以供用合同的内容体现了国家干预原则。

除具有买卖合同的一般特征外，主要具有以下特征：

1）合同的标的物是特殊的物品

供用电、水、气、热力合同的标的物为电、水、气、热力。这类商品既是生产、生活中的必需品，又是由有关单位垄断供应的，因此，为保障人们生产和生活的需要，法律不能不对其予以特别规制。

2）属于格式合同

这类合同一般采用定型化的合同，合同条款是由供方单位拟定的，用方只能决定是否同意订立合同，而一般不能决定合同的相关内容。尽管用方在标的物的用量、用时上可以提出自己的要求，但最终的决定权完全在供方。所以，这类合同属于格式合同。

3）合同的履行具有连续性

由于电、水、气、热力的供应和使用具有连续性，因而合同的履行具有连续性。在合同规定的期间内，正常情况下，供方须连续地供电、水、气、热力，用方须按期支付相应的价款。

3. 供用电合同

第一百七十六条　供用电合同是供电人向用电人供电，用电人支付电费的合同。

第一百七十七条　供用电合同的内容包括供电的方式、质量、时间，用电容量、地址、性质，计量方式，电价、电费的结算方式，供用电设施的维护责任等条款。

第一百七十八条　供用电合同的履行地点，按照当事人约定；当事人没有约定或者约定不明确的，供电设施的产权分界处为履行地点。

第一百七十九条　供电人应当按照国家规定的供电质量标准和约定安全供电。供电人未按照国家规定的供电质量标准和约定安全供电，造成用电人损失的，应当承担损害赔偿责任。

第一百八十条　供电人因供电设施计划检修、临时检修、依法限电或者用电人违法用电等原因，需要中断供电时，应当按照国家有关规定事先通知用电人。未事先通知用电人中断供电，造成用电人损失的，应当承担损害赔偿责任。

第一百八十一条　因自然灾害等原因断电，供电人应当按照国家有关规定及时抢修。未及时抢修，造成用电人损失的，应当承担损害赔偿责任。

第一百八十二条　用电人应当按照国家有关规定和当事人的约定及时交付电费。用电人逾期不交付电费的，应当按照约定支付违约金。经催告用电人在合理期限内仍不交付电费和违约金的，供电人可以按照国家规定的程序中止供电。

第一百八十三条　用电人应当按照国家有关规定和当事人的约定安全用电。用电人未按照国家有关规定和当事人的约定安全用电，造成供电人损失的，应当承担损害赔偿责任。

第一百八十四条　供用水、供用气、供用热力合同，参照供用电合同的有关规定。

4. 格式合同备案

根据《中华人民共和国合同法》和其他有关法律、行政法规的规定，合同采用格式条款的，经营者应当在开始使用该格式条款之前将合同样本报核发其营业执照的工商行政管理部门备案。

《供用水合同》是转移标的物所有权的合同，是双方有偿合同，也是格式合同。这类合同必须严格遵守国家法律的强制性规定，否则会导致无效的法律后果。格式的合同特点是一方预先拟定且不允许另一方对内容作出变更。因此，法律要求在尽可能公平的前提下，保护处于弱势一方的权益。

为了符合公平、公正、公开的原则，同时保护普通消费者的权益，各地供水企业应参照住建部和国家工商局联合制订的《城市供用水合同》（示范文本），结合各地的实际情况，制订出自己的《供用水合同》，主动将适用于居民用户（普通消费者）的《供用水合同》向相关部门进行备案，而用于非居民用户的《供用水合同》可以不备案。制订格式合同时，应注意条款含义的准确性，若出现对格式合同条款的理解发生争议，有两种以上解释时，司法部门依据法津作出不利于提供格式条款的一方（即供水企业）的解释。

城市供用水合同
（示范文本 GF—1999—0501）

合同编号：_____

签约地点：_____

签约时间：_____

供水人：_____

用水人：_____

为了明确供水人和用水人在水的供应和使用中的权利和义务，根据《中华人民共和国合同法》、《城市供水条例》等有关法律，法规，和规章经供用水双方协商，订立本合同，以便共同遵守。

第一条　用水地址，用水性质和用水量

（一）用水地址为_____。用水四至范围（即用水人用水区域四周边界），是_____（可制订详图作为附件）。

（二）用水性质系_____用水，执行_____供水价格。

（三）用水量为_____立方米/日；_____立方米/月。

（四）计费总水表安装地点为：_____（可制订详图作为附件）。

（五）安装计费总水表共_____具，注册号为_____。

第二条　供水方式和质量

（一）在合同有效期内，供水人通过城市公共供水管网及附属设施向用水人提供不间断供水。

（二）用水人不能间断用水或者对水压，水质有特殊要求的，应当自行设置贮水、间接加压设施及水处理设备。

（三）供水人保证城市公共供水管网水质符合国家《生活饮用水卫生标准》。

（四）供水人保证在计费总水表处的水压大于等于____兆帕；以户表方式计费的，保证进入建筑物前阀门处的水大于等于____兆帕。

第三条　用水计量，水价及水费结算方式

（一）用水计量

1. 用水的计量器具为：_____计量表；_____IC卡计量表；或者_____。安装时应当登记注册。供、用水双方按照注册登记的计量的水量作为水费结算的依据。

结算用计量器须经当地技术监督部门检定、认定。

2. 用水人用水按照用水性质实行分类计量。不同用水性质的用水共用一具计费水表时，供水人按照最高类别水价计收水费或者按照比例划分不同用水性质用水量分类计收水费。

（二）供水价格：供水人依据用水人用水性质，按照_____政府_____（部门）批准的供水分类价格收取水费。

在合同有效期内，遇水价调整时，按照调价文件规定执行。

（三）水费结算方式

1. 供水人按照规定周期抄验表并结算水费，用水人在_____月_____日前交清水费。

2. 水费结算采取_____方式。

第四条 供、用水设施产权分界与维护管理

（一）供、用水设施产权分界点是：供水人设计安装的计费总水表处。以户表计费的为进入建筑物前阀门处。

（二）产权分界点（含计费水表）水源侧的管道和附属设施由供水人负责维护管理。产权分界点另侧的管道及设施由用水人负责维护管理，或者有偿委托供水人维护管理。

第五条 供水人的权利和义务

（一）监督用水人按照合同约定的用水量、用水性质、用水四至范围用水。

（二）用水人逾期不缴纳水费，供水人有权从逾期之日起向用水人收取水费滞纳金。

（三）用水人搬迁或者其他原因不再使用计费水表和供水设施，又没有办理过户手续的，供水人有权拆除其计费水表和供水设施。

（四）因用水人表井占压、损坏及用水人责任等原因不能抄验水表时，供水人可根据用水人上_____个月最高月用水量估算本期水量水费。如用水人三个月不能解决妨碍抄验表问题，供水人不退还多估水费。

（五）供水人应当按照合同约定的水质不间断供水。除高峰季节因供水能力不足，经城市供水行政主管部门同意被迫降压外，供水人应当按照合同规定的压力供水。对有计划的检修、维修及新管并网作业施工造成的停水，应当提前 24 小时通知用水人。

（六）供水人设立专门服务电话实行 24 小时昼夜受理用水人的报修。遇有供水管道及附属设施损坏的，供水人应当及时进入现场抢修。

（七）如供水人需要变更抄验水表和收费周期时，应当提前一个月通知用水人。

（八）对用水人提出的水表计量不准，供水人负责复核和校验。对水表因自然损坏造成的表停，表坏，供水人应当无偿更换，供水人可根据用水人上____个月平均用水量估算本期水量水费。由于供水人抄错表，计费水表计量不准等原因多收的水费，应当予以退还。

第六条 用水人的权利和义务

（一）监督供水人按照合同约定的水压，水质向用水人供水。

（二）有权要求供水人按照国家的规定对计费水表进行周期检定。

（三）有权向供水人提出进行计费水表复核和校验。

（四）有权对供水人收缴的水费及确定的水价申请复核。

（五）应当按照合同约定按期向供水人交水费。

（六）保证计费水表，表井（箱）及附属设施完好，配合供水人抄验表或者协助做好水表等设施的更换，维修工作。

（七）除发生火灾等特殊原因，用水人不得擅自开封启动无表防险（用水人消火栓）。需要实验内部消防设施的，应当通知供水人派人启封。发生火灾时，用水人可以自行启动使用，灭火后应当及时通知供水人重新铅封。

（八）不得私自向其他用水人转供水；不得擅自向合同约定的四至外供水。

（九）由于用水人用水量增加，连续半年超过水表公称流量时，应当办理换表手续；由于用水人全月平均小时用水量低于水表最小流量时，供水人可将水表口径改小，用水人承担工料费；当用水人月用水量达不到底度流量时，按照底度流量收费。

第七条　违约责任

（一）供水人的违约责任

1. 供水人违反合同约定未向用水人供水的，应当支付用水人停水期间正常用水量水费百分之_____的违约金。

2. 由于供水人责任事故造成的停水、水压降低、水质量事故，给用水人造成损失的，供水人应当承担赔偿责任。

3. 由于不可抗力的原因或者政府行为造成停水、使用水人受到损失的，供水人不承担赔偿责任。

（二）用水人的违约责任

1. 用水人未按期交水费的，还应当支付纳金。超过规定交费日期一个月的，供水人按照国家规定一切有权中止供水。当用水人于半年之内交齐水费和纳金后，供水应当于48小时恢复供水。中止供水过半年，用水人要求复装的，应当交齐欠费和供水设施复装工料费后，另行办理新装手续。

2. 用水人私自改变用水性质、向其他用水人转供水，向合同的四至外供水，未到供水人处办理变更手续的，用水人除补交水价差价的水费外，还应多支付水费百分之_____的违约金。

3. 用水人终止用水，未到供水人处办理相关手续，给供水人造成损失的，由用水人承担赔偿责任。

第八条　合同有效期限

合同期限为_____年，从_____年_____月_____日起至_____年_____月_____日止。

第九条　合同的变更

当事人如需要修改合同条款或者合同未尽事宜，须经双方协商一致，签订补充协定，补充协定与本合同具有同等效力。

第十条　争议的解决方式

本合同在履行过程中发生争议时，由当事人双方协商解决，协商不成的，按下列第_____种方式解决：

（一）提交_____仲裁委员会仲裁；

（二）依法向人民法院起诉。

第十一条　其他约定_____

供水人：（盖章）_____　　　用水人：（盖章）_____

住所：_____　　　　　　　　住所：_____

法定代表人（签字）：_____　法定代表人（签字）：_____

委托代理人（签字）：_____　委托代理人（签字）：_____

开户银行：_____　　　　　　开户银行：_____

账号：_____　　　　　　　　账号：_____

电话：_____　　　　　　　　电话：_____

合同编号：

用户编号：

签约时间：

供 用 水 合 同

（适用于居民用户）

供水人：

用水人：

为明确供、用水双方在自来水供应和使用过程中的权利和义务，根据《中华人民共和国合同法》、《城市供水条例》、《浙江省城市供水管理办法》、《宁波市城市供水和节约用水管理条例》等有关法律、法规和规章，经供、用水双方协商，订立本合同，以便共同遵守。

第一条　用水地址、用水性质

1. 根据用水人要求，供水人同意向用水人住址供应自来水。

2. 用水人用水性质为居民生活用水，贸易结算水表口径为 DN mm。

第二条　供水方式和质量

在合同有效期内，供水人通过城市公共供水管网及附属设施向用水人提供不间断供水，保证管网水质符合国家《生活饮用水卫生标准》，保证供水水压符合国家标准。

第三条　用水计量、水价及水费结算

（一）用水计量

1. 供、用水双方按照贸易结算水表计量的水量作为水费结算的依据，贸易结算水表须经法定检验机构检定合格。

2. 供水人按实抄录贸易结算水表读数计算用水量。因贸易结算水表发生故障或其他原因无法抄表计量时，供水人可按前 12 个月平均用水量计收水费。

3. 用水人对贸易结算水表准确性有异议时，可依法申请检定。经法定检验机构检定，贸易结算水表计量误差在规定标准以内的，用水人除缴纳正常水费外，还应承担水表检定、复装等费用；计量误差超过规定标准的，供水人应退补水费，水表检定、复装等费用由供水人承担。

（二）供水价格

供水人依据用水人用水性质，按照宁波市人民政府价格行政主管部门批准的供水价格收取水费。

在合同有效期内，遇水价调整时，按照政府部门调价文件规定执行。

（三）水费结算方式

1. 供水人按二个月一次抄表周期抄验贸易结算水表并向用水人结算水费，用水人应在抄表当月交清水费。

2. 用水人可自行选择委托银行代扣代缴或现金缴付等水费结算方式。

第四条　供、用水设施维护管理责任

供、用水设施的维护管理责任以贸易结算水表为分界点。进户贸易结算水表以外的公共供水管道及设施（含贸易结算水表）由供水人负责维护管理；进户贸易结算水表以内的用水管道和设施，由用水人或产权人负责维护管理。

第五条 供水人的权利和义务

1. 监督用水人按照约定的用水性质用水。

2. 用水人逾期未缴纳水费，供水人有权从逾期之日起按规定向用水人收取违约金。用水人在接到供水人催缴水费通知单 30 日后仍未交付水费和违约金时，供水人有权按照国家规定的程序中止供水，并保留追讨欠费的权利。

3. 除供水高峰季节因供水能力不足，经城市供水行政主管部门同意被迫降压外，供水人应当保证按合同约定向供水人供水。

4. 计划性的工程施工、供水设施维修需暂停供水或降压供水，应当提前 24 小时发布停水通知。

5. 供水人设立专门服务电话 96390 实行昼夜 24 小时受理用水人的咨询、报修等服务。

第六条 用水人的权利和义务

1. 监督供水人按照约定的条件向用水人供水。

2. 有权对供水人收缴的水费及确定的水价申请复核。

3. 用水人有义务按期向供水人缴纳水费。

4. 配合供水人做好贸易结算水表、表箱及附属设施的保养、更换、维修工作。

5. 因房产转让、拆迁等原因需变更用水人或终止用水，应当到供水人处办理变更、销户手续。

第七条 违约责任

（一）供水人的违约责任

1. 由于供水人责任造成的停水、水压降低、水质事故给用水人造成损失的，供水人应承担赔偿责任。

2. 供水人未按规定检修供水设施，给用水人造成损失的，供水人应承担赔偿责任。

3. 由于不可抗力的原因造成停水，使用水人受到损失的，根据不可抗力的影响，供水人部分或者全部免责。

（二）用水人违约责任

1. 用水人逾期未缴纳水费的，还应当支付水费额每日万分之五的违约金；逾期三个月仍未缴纳水费的，按水费额每日千分之三支付违约金。

2. 用水人私自改变用水性质、向其他用水人转供水，未到供水人处办理变更手续的，除按水价差价补交水费外，还应按规定向供水人支付违约期间的违约金。

3. 用水人临时性中止用水 6 个月以上的，应通知供水人，供水人可拆除贸易结算水表并做报停处理；用水人要求复用时，应通知供水人，供水人应及时恢复供水。用水人终止用水，应与供水人提前解除合同。因未办理相关中止、复用或终止手续，给供水人造成损失的，由用水人承担赔偿责任。

4. 用水人私自开启贸易结算水表封印，更换、拆装贸易结算水表等致使计量失准的行为均属窃水行为，供水人有权按照国家规定的程序中止供水，情节严重的，移送有关部门按规定处理。因用水人原因造成贸易结算水表及附属设施损坏的，用水人应承担赔偿责任。

第八条　争议的解决

本合同在履行过程中发生争议时，由供、用水双方协商解决。协商不成，供、用水双方同意由下列＿＿＿＿＿＿＿＿＿＿方式解决争议：（1）向宁波仲裁委员会申请仲裁：（2）向有管辖权的人民法院起诉。

第九条　本合同自双方当事人签字（盖章）后生效，至用水人销户或过户后自动终止。本合同一式两份，供水人执一份，用水人执一份。

第十条　其他约定

＿＿

＿＿

供水人（盖章）：　　　　　　　　　用水人（盖章）：

　　　　　　　　　　　　　　　　　身份证号码：

授权代理人（签字）：　　　　　　　授权代理人（签字）：

联系电话：　　　　　　　　　　　　联系电话：

第二节　供节水条例

1. 供水条例

城市供水条例

（国务院令第 158 号）

第一章　总　　则

第一条　为了加强城市供水管理，发展城市供水事业，保障城市生活、生产用水和其他各项建设用水，制定本条例。

第二条　本条例所称城市供水，是指城市公共供水和自建设施供水。本条例所称城市公共供水，是指城市自来水供水企业以公共供水管道及其附属设施向单位和居民的生活、生产和其他各项建设提供用水。本条例所称自建设施供水，是指城市的用水单位以其自选建设的供水管道及其附属设施主要向本单位的生活、生产和其他各项建设提供用水。

第三条　从事城市供水工作和使用城市供水，必须遵守本条例。

第四条　城市供水工作实行开发水源和计划用水、节约用水相结合的原则。

第五条　县级以上人民政府应当将发展城市供水事业纳入国民经济和社会发展计划。

第六条　国家实行有利于城市供水事业发展的政策，鼓励城市供水科学技术研究，推广先进技术，提高城市供水的现代化水平。

第七条　国务院城市建设行政主管部门主管全国城市供水工作。省、自治区人民政府城市建设行政主管部门主管本行政区域内的城市供水工作。县级以上城市人民政府确定的城市供水行政主管部门（以下简称城市供水行政主管部门）主管本行政区域内的城市供水工作。

第八条　对在城市供水工作中作出显著成绩的单位和个人，给予奖励。

第二章　城市供水水源

第九条　县级以上城市人民政府应当组织城市规划行政主管部门、水行政主管部门、城市供水行政主管部门和地质矿产行政主管部门等共同编制城市供水水源开发利用规划，作为城市供水发展规划的组成部分，纳入城市总体规划。

第十条　编制城市供水水源开发利用规划，应当从城市发展的需要出发，并与水资源统筹规划和水长期供求计划相协调。

第十一条　编制城市供水水源开发利用规划，应当根据当地情况，合理安排利用地表水和地下水。

第十二条　编制城市供水水源开发利用规划，应当优先保证城市生活用水，统筹兼顾工业用水和其他各项建设用水。

第十三条　县级以上地方人民政府环境保护部门应当会同城市供水行政主管部门、水行政主管部门和卫生行政主管部门等共同划定饮用水水源保护区，经本级人民政府批准后公布；划定跨省、市、县的饮用水水源保护区，应当由有关人民政府共同商定并经其共同的上级人民政府批准后公布。

第十四条　在饮用水水源保护区内，禁止一切污染水质的活动。

第三章 城市供水工程建设

第十五条 城市供水工程的建设，应当按照城市供水发展规划及其年度建设计划进行。

第十六条 城市供水工程的设计、施工，应当委托持有相应资质证书的设计、施工单位承担，并遵守国家有关技术标准和规范。禁止无证或者超越资质证书规定的经营范围承担城市供水工程的设计、施工任务。

第十七条 城市供水工程竣工后，应当按照国家规定组织验收；未经验收或者验收不合格的，不得投入使用。

第十八条 城市新建、扩建、改建工程项目需要增加用水的，其工程项目总概算应当包括供水工程建设投资；需要增加城市公共供水量的，应当将其供水工程建设投资交付城市供水行政主管部门，由其统一组织城市公共供水工程建设。

第四章 城市供水经营

第十九条 城市自来水供水企业和自建设施对外供水的企业，必须经资质审查合格并经工商行政管理机关登记注册后，方可从事经营活动。资质审查办法由国务院城市建设行政主管部门规定。

第二十条 城市自来水供水企业和自建设施对外供水的企业，应当建立、健全水质检测制度，确保城市供水的水质符合国家规定的饮用水卫生标准。

第二十一条 城市自来水供水企业和自建设施对外供水的企业，应当按照国家有关规定设置管网测压点，做好水压监测工作，确保供水管网的压力符合国家规定的标准。禁止在城市公共供水管道上直接装泵抽水。

第二十二条 城市自来水供水企业和自建设施对外供水的企业应当保持不间断供水。由于工程施工、设备维修等原因确需停止供水的，应当经城市供水行政主管部门批准并提前24小时通知用水单位和个人；因发生灾害或者紧急事故，不能提前通知的，应当在抢修的同时通知用水单位和个人，尽快恢复正常供水，并报告城市供水行政主管部门。

第二十三条 城市自来水供水企业和自建设施对外供水的企业应当实行职工持证上岗制度。具体办法由国务院城市建设行政主管部门会同人事部门等制定。

第二十四条 用水单位和个人应当按照规定的计量标准和水价标准按时缴纳水费。

第二十五条 禁止盗用或者转供城市公共供水。

第二十六条 城市供水价格应当按照生活用水保本微利、生产和经营用水合理计价的原则制定。

城市供水价格制定办法，由省、自治区、直辖市人民政府规定。

第五章 城市供水设施维护

第二十七条 城市自来水供水企业和自建设施供水的企业对其管理的城市供水的专用水库、引水渠道、取水口、泵站、井群、输（配）水管网、进户总水表、净（配）水厂、公用水站等设施，应当定期检查维修，确保安全运行。

第二十八条 用水单位自行建设的与城市公共供水管道连接的户外管道及其附属设施，必须经城市自来水供水企业验收合格并交其统一管理后，方可合作使用。

第二十九条 在规定的城市公共供水管理及其附属设施的地面和地下的安全保护范围内，禁止挖坑取土或者修建建筑物、构筑物等危害供水设施安全的活动。

第三十条 因工程建设确需改装、拆除或者迁移城市公共供水设施的，建设单位应当报经县级以上人民政府城市规划行政主管部门和城市供水行政主管部门批准，并采取相应的补救措施。

第三十一条 涉及城市公共供水设施的建设工程开工前，建设单位或者施工单位应当向城市自来水供水企业查明地下供水管网情况。施工影响城市公共供水设施安全的，建设单位或者施工单位应当与城市自来水供水企业商定相应的保护措施，由施工单位负责实施。

第三十二条 禁止擅自将自建的设施供水管网系统与城市公共供水管网系统连接；因特殊情况确需连接的，必须经城市自来水供水企业同意，报城市供水行政主管部门和卫生行政主管部门批准，并在管道连接处采取必要的防护措施。

禁止产生或者使用有毒有害物质的单位将其生产用水管网系统与城市公共供水管网系统直接连接。

第六章 罚　则

第三十三条 城市自来水供水企业或者自建设施对外供水的企业有下列行为之一的，由城市供水行政主管部门责令改正，可以处以罚款；情节严重的，报经县级以上人民政府批准，可以责令停业整顿；对负有直接责任的主管人员和其他直接责任人员，其所在单位或者上级机关可以给予行政处分：

（一）供水水质、水压不符合国家规定标准的；

（二）擅自停止供水或者未履行停水通知义务的；

（三）未按照规定检修供水设施或者在供水设施发生故障后未及时抢修的。

第三十四条 违反本条例规定，有下列行为之一的，由城市供水行政主管部门责令停止违法行为，可以处以罚款；对负有直接责任的主管人员和其他直接责任人员，其所在单位或者上级机关可以给予行政处分：

（一）无证或者超越资质证书规定的经营范围进行城市供水工程的设计或者施工的；

（二）未按国家规定的技术标准和规范进行城市供水工程的设施或者施工的；

（三）违反城市供水发展规划及其年度建设计划兴建城市供水工程的。

第三十五条 违反本条例规定，有下列行为之一的，由城市供水行政主管部门或者其授权的单位责令限期改正，可以处以罚款：

（一）未按规定缴纳水费的；

（二）盗用或者转供城市公共供水的；

（三）在规定的城市公共供水管道及其附属设施的安全保护范围内进行危害供水设施安全活动的；

（四）擅自将自建设施供水管网系统与城市公共供水管网系统直接连接的；

（五）产生或者使用有毒有害物质的单位将其生产用水管网系统与城市公共供水管网系统直接连接的；

（六）在城市公共供水管道上直接装泵抽水的；

（七）擅自拆除、改装或者迁移城市公共供水设施的。

有前款第（一）项、第（二）项、第（四）项、第（五）项、第（六）项、第（七）项所列行为之一，情节严重的，经县级以上人民政府批准，还可以在一定时间内停止供水。

第三十六条　建设工程施工危害城市公共供水设施的，由城市供水行政主管部门责令停止危害活动；造成损失的，由责任方依法赔偿损失；对负有直接责任的主管人员和其他直接责任人员，其所在单位或者上级机关可以给予行政处分。

第三十七条　城市供水行政主管部门的工作人员玩忽职守、滥用职权、徇私舞弊的，由其所在单位或者上级机关给予行政处分；构成犯罪的，依法追究刑事责任。

第七章　附　　则

第三十八条　本条例第三十三条、第三十四条、第三十五条规定的罚款数额由省、自治区、直辖市人民政府规定。

第三十九条　本条例自 1994 年 10 月 1 日起施行。

2. 节水条例

城市节约用水管理规定

（1988 年 12 月 20 日建设部令第 1 号公布）

第一条　为加强城市节约用水管理，保护和合理利用水资源，促进国民经济和社会发展，制定本规定。

第二条　本规定适用于城市规划区内节约用水的管理工作。在城市规划区内使用公共供水和自建设施供水的单位和个人，必须遵守本规定。

第三条　城市实行计划用水和节约用水。

第四条　国家鼓励城市节约用水科学技术研究，推广先进技术，提高城市节约用水科学技术水平。在城市节约用水工作中作出显著成绩的单位和个人，由人民政府给予奖励。

第五条　国务院城市建设行政主管部门主管全国的城市节约用水工作，业务上受国务院水行政主管部门指导。国务院其他有关部门按照国务院规定的职责分工，负责本行业的节约用水管理工作。省、自治区人民政府和县级以上城市人民政府城市建设行政主管部门和其他有关行业主管部门，按照同级人民政府规定的职责分工，负责城市节约用水管理工作。

第六条　城市人民政府应当在制定城市供水发展规划的同时，制定节约用水发展规划，并根据节约用水发展规划制定节约用水年度计划。各有关行业行政主管部门应当制定本行业的节约用水发展规划和节约用水年度计划。

第七条　工业用水重复利用率低于 40%（不包括热电厂用水）的城市，新建供水工程时，未经上一级城市建设行政主管部门的同意，不得新增工业用水量。

第八条　单位自建供水设施取用地下水，必须经城市建设行政主管部门核准后，依照国家规定申请取水许可。

第九条　城市的新建、扩建和改建工程项目，应当配套建设节约用水设施。城市建设行政主管部门应当参加节约用水设施的竣工验收。

第十条　城市建设行政主管部门应当会同有关行业行政主管部门制定行业综合用水定额和单项用水定额。

第十一条　城市用水计划由城市建设行政主管部门根据水资源统筹规划和水长期供求计划制定，并下达执行。

超计划用水必须缴纳超计划用水加价水费。超计划用水加价水费,应当从税后留利或者预算包干经费中支出,不得纳入成本或者从当年预算中支出。超计划用水加价水费的具体征收办法由省、自治区、直辖市人民政府制定。

第十二条　生活用水按户计量收费。新建住宅应当安装分户计量水表;现有住户未装分户计量水表的,应当限期安装。

第十三条　各用水单位应当在用水设备上安装计量水表,进行用水单耗考核,降低单位产品用水量;应当采取循环用水、一水多用等措施,在保证用水质量标准的前提下,提高水的重复利用率。

第十四条　水资源紧缺城市,应当在保证用水质量标准的前提下,采取措施提高城市污水利用率。沿海城市应当积极开发利用海水资源。有咸水资源的城市,应当合理开发利用咸水资源。

第十五条　城市供水企业、自建供水设施的单位应当加强供水设施的维修管理,减少水的漏损量。

第十六条　各级统计部门、城市建设行政主管部门应当做好城市节约用水统计工作。

第十七条　城市的新建、扩建和改建工程项目未按规定配套建设节约用水设施或者节约用水设施经验收不合格的,由城市建设行政主管部门限制其用水量,并责令其限期完善节约用水设施,可以并处罚款。

第十八条　超计划用水加价水费必须按规定的期限缴纳。逾期不缴纳的,城市建设行政主管部门除限期缴纳外,并按日加收超计划用水加价水费5‰的滞纳金。

第十九条　拒不安装生活用水分户计量水表的,城市建设行政主管部门应当责令其限期安装;逾期仍不安装的,由城市建设行政主管部门限制其用水量,可以并处罚款。

第二十条　当事人对行政处罚决定不服的,可以在接到处罚通知次日起15日内,向作出处罚决定机关的上一级机关申请复议;对复议决定不服的,可以在接到复议通知次日起15日内向人民法院起诉。逾期不申请复议或者不向人民法院起诉又不履行处罚决定的,由作出处罚决定的机关申请人民法院强制执行。

第二十一条　城市建设行政主管部门的工作人员玩忽职守、滥用职权、徇私舞弊的,由其所在单位或者上级主管部门给予行政处分;构成犯罪的,由司法机关依法追究刑事责任。

第二十二条　各省、自治区、直辖市人民政府可以根据本规定制定实施办法。

第二十三条　本规定由国务院城市建设行政主管部门负责解释。

第二十四条　本规定自1989年1月1日起施行。

第三节　城镇供水服务标准

中华人民共和国国家标准

城镇供水服务

Customer service for public of urban water supply

GB/T 32063—2015

发布日期：2015 年 10 月 13 日

实施日期：2016 年 9 月 1 日

1 范围

本标准规定了城镇供水服务的术语和定义、总则、要求（水质、水压、新装、抄表收费、售后、信息、设施和人员、投诉处理、应急、二次供水）及服务质量评价等。

本标准适用于城镇供水单位向客户提供生活饮用水的供水服务。

2 规范性引用文件

下列文件对于本文件的应用是必不可少的。凡是注日期的引用文件，仅注日期的版本适用于本文件。凡是不注日期的引用文件，其最新版本（包括所有的修改单）适用于本文件。

GB/T 778.1 封闭满管道中水流量的测量饮用冷水水表和热水水表 第 1 部分：规范

GB/T 778.2 封闭满管道中水流量的测量饮用冷水水表和热水水表 第 2 部分：安装要求

GB 5749 生活饮用水卫生标准

CJ/T 206 城市供水水质标准

CJ 266 饮用水冷水水表安全规则

CJJ 140 二次供水工程技术规程

JJG 162 冷水水表检定规程

3 术语和定义

下列术语和定义适用于本文件。

3.1 供水服务（water supply service）

城镇供水单位提供生活饮用水以及与客户在新装服务、抄表收费、售后服务、投诉处理等过程中接触的活动。

3.2 供水单位（water supply enterprise）

向客户提供生活饮用水服务的城镇公共供水单位、自建设施供水单位和二次供水单位。

3.3 二次供水（secondary water supply）

通过储存、加压等设施经管道供给居民和公共建筑生活饮用水的供水方式。

3.4 客户（customer）

与供水单位有供用水关系、接受供水服务的单位或个人。

4 总则

4.1 安全性：供水单位应保障不间断的向客户供水，满足客户对水质、水压等用水需求。

4.2 及时性：供水单位应在承诺的服务期限内提供服务。

4.3 便利性：供水单位应提供方便客户进行用水申请、报修和缴费的办理方式及相关服务流程、联系渠道等。

4.4 公开性：供水单位应公开水质、水压、水价、业务办理、服务事项和投诉方式等信息。

5 要求

5.1 水质

5.1.1 供水单位的供水水质应符合《生活用水卫生标准》GB 5749 的规定。

5.1.2 供水单位的水质监测及评定应按《城市供水水质标准》CJ/T 206 的规定执行。

5.2 水压

5.2.1 供水管网服务压力及合格率应按国家和行业等规定执行。

5.2.2 供水单位由于工程施工、设备维修等原因需计划性停水或降低水压时，应提前 24h 通知受影响的客户，并按时恢复供水。停水或降压超时应再次通知客户。

5.2.3 停水或降压通知应包括下列主要内容：

a) 原因和范围；

b) 开始时间；

c) 预计恢复正常供水时间等。

5.3 新装

5.3.1 新装服务包括办理客户新增、扩容、改装及临时用水业务等。

5.3.2 供水单位应设置方便受理客户申请新装用水服务的营业厅等接待场所。

5.3.3 供水单位应明确新装服务的负责部门、服务办理流程等。

5.3.4 服务办理流程应包括下列内容：

a) 前期咨询和申请受理；

b) 查勘和审核客户内部给水方案；

c) 签订供用水合同；

d) 质量验收和通水；

e) 业务办理期限。

5.4 抄表收费

5.4.1 选用的水表应符合《饮用冷水水表和热水水表 第 1 部分：计量要求和技术要求》GB/T 778.1 和《饮用水冷水水表安全规则》CJ 266 的规定。水表安装应按《饮用冷水水表和热水水表 第 2 部分：试验方法》GB/T 778.2 的要求执行。

5.4.2 应对水表执行强制检定，检定和更换周期应符合《冷水水表检定规程》JJG 162 的规定。水表发生故障时，应及时更换，更换水表应事先告知客户。

5.4.3 供水单位应按照规定周期抄表结算，抄表周期有变动时应事先告知客户。

5.4.4 水费应以水表计量为依据结算，并开具水费账单。水表出现故障或因客户原因无法抄见时，应按规定合理暂估用水量并告知客户。

5.4.5 水费账单应按期送达客户。

5.4.6 水费单价应按照当地规定的标准执行。

5.4.7 供水单位应提供方便客户的多种缴费方式。

5.5 售后

5.5.1 售后服务主要包括对客户反映的临时停水、水质问题、管道漏水、井盖缺损及其他问题的处理。

5.5.2 供水单位应建立 24h 热线服务及营业厅、信函等服务渠道，宜设立传真、网站、电子邮件、短信等多种媒体服务渠道及自助服务方式。

5.5.3 服务渠道应保持通畅，其中：

a) 热线服务：呼叫中心转入人工座席端的电话应做到来电 20s 内接起；传统电话应做到铃响三声有应答；

b) 营业厅服务：客户等待时间不宜超过 20min；

c) 信函等其他服务：应有专人及时处置。

5.5.4 受理客户反映的售后服务问题后应在 2h 内做出响应，售后服务处理期限应符合表 2-1 的规定。对在规定的处理期限内不能解决的问题，应向客户说明原因，并承诺解决的时间。

售后服务处理期限 表 2-1

序号	售后服务项目	处理期限
1	临时停水	不超过 24h
2	水质问题	不超过 24h
3	管道漏水	漏水不超过 24h；爆管 4h 内止水并抢修
4	井盖缺损	不超过 24h
5	其他服务	不超过 5 个工作日

注：处理期限也可根据客户要求进行约期，并在约期内处理。

5.6 信息

5.6.1 供水单位应向客户公开下列供水服务信息：

a) 水质信息；

b) 水压信息；

c) 降压及停水信息；

d) 服务办理流程；

e) 收费标准及结算方式；

f) 服务联系方式；

g) 服务标准及服务承诺；

h) 供水服务规章制度；

i) 用水常识及节约用水知识等。

5.6.2 服务信息公开渠道应主要包括下列内容：

a) 营业厅查询；

b) 热线电话询问；

c) 网站公布；

d) 发放宣传手册或服务指南；

e) 其他宣传形式。

5.6.3 供水单位应保护客户的相关信息。

5.7 设施和人员

5.7.1 营业厅应符合下列规定：

a) 设置明显标识牌；

b) 有足够的等候空间；

c) 设置信息公示和客户评价等服务设施；

d) 宜设置无障碍通道；

e) 保持环境整洁。

5.7.2 服务人员应统一服装、衣着整洁、佩戴胸卡、举止文明、语言规范、态度热情，熟悉相关业务，遵守职业道德。

5.7.3 入户服务人员应主动出示证件。

5.8 投诉处理

5.8.1 投诉是指客户反映的供水服务态度和服务质量等方面的问题。

5.8.2 供水单位应建立专门的来电、来信和来访等多种投诉受理渠道。

5.8.3 供水单位应制定投诉处理流程及办法，并予以公布。

5.8.4 受理客户投诉后应在 2h 内做出响应，并在 5 个工作日内处理。对在规定的处理期限内不能解决的投诉，应向客户说明原因，并提出进一步解决的措施和时间。

5.9 应急

5.9.1 突发爆管等事故造成停水时，供水单位应在组织抢修的同时告知客户。停水超过 24h 时，宜采取临时措施向居民供水。

5.9.2 遇到自然灾害、重大水质污染、恐怖袭击、重大生产事故等严重影响正常供水服务的突发性事件，供水单位应按供水应急预案要求采取相应措施提供服务。

5.10 二次供水

5.10.1 二次供水水质应符合《生活饮用水卫生标准》GB 5749 的规定。

5.10.2 居民住宅和公共建筑的二次供水用水点的给水压力应符合《二次供水工程技术规程》CJJ 140 的有关规定。

5.10.3 二次供水单位应设立 24h 服务电话。

5.10.4 受理客户报修后应在 24h 内处理；不能及时解决时，应向客户说明原因，并承诺解决期限。发生水质异常、管道爆裂和设备故障等影响供水服务的紧急情况时，应在 2h 内到达现场处理或抢修。

5.10.5 二次供水单位应向客户公开下列相关服务信息：

a) 水箱或水池清洗及清洗后的水质情况；

b) 降压或停水信息；

c) 服务和投诉电话、处理期限和流程等服务规范。

6 服务质量评价

6.1 供水单位应建立服务质量评价制度，并进行自我服务质量评价。

6.2 政府主管部门应开展服务质量监管评价。

6.3 可委托开展第三方客户满意度测评。

6.4 供水服务质量评价结果宜向社会发布。

6.5 评价指标及计算方法应符合下列规定：

a) 管网服务压力合格率不应小于 96%，按式 2-1 计算：

$$管网服务压力合格率 = \frac{检验合格次数}{检验总次数} \times 100\% \qquad (2-1)$$

b）呼叫中心接通率不应小于 85％，按式 2-2 计算：

$$呼叫中心接通率 = \frac{在\ 20s\ 内接起的电话量}{来电总量} \times 100\% \tag{2-2}$$

c）售后服务处理及时率不应小于 97％，按式 2-3 计算：

$$售后服务处理及时率 = \frac{在规定处理期限内售后服务处理件数}{售后服务总件数} \times 100\% \tag{2-3}$$

d）投诉处理及时率不应小于 98％，按式 2-4 计算：

$$投诉处理及时率 = \frac{在规定处理期限内投诉处理件数}{投诉总件数} \times 100\% \tag{2-4}$$

第四节　生活饮用水卫生标准

2006 年底，卫生部会同各有关部门完成了对 1985 年版《生活饮用水卫生标准》的修订工作，并正式颁布了新版《生活饮用水卫生标准》GB 5749—2006，规定自 2007 年 7 月 1 日起全面实施。

1　范围

本标准规定了生活饮用水水质卫生要求、生活饮用水水源水质卫生要求、集中式供水单位卫生要求、二次供水卫生要求、涉及生活饮用水卫生安全产品卫生要求、水质监测和水质检验方法。

本标准适用于城乡各类集中式供水的生活饮用水，也适用于分散式供水的生活饮用水。

2　规范性引用文件

下列文件中的条款通过本标准的引用而成为本标准的条款。凡是标注日期的引用文件，其随后所有的修改（不包括勘误内容）或修订版均不适用于本标准，然而，鼓励根据本标准达成协议的各方研究是否可使用这些文件的最新版本。凡是不注明日期的引用文件，其最新版本适用于本标准。

《地表水环境质量标准》GB 3838

《生活饮用水标准检验方法》GB/T 5750

《地下水质量标准》GB/T 14848

《二次供水设施卫生规范》GB 17051

《饮用水化学处理剂卫生安全性评价》GB/T 17218

《生活饮用水输配水设备及防护材料的安全性评价标准》GB/T 17219

《城市供水水质标准》CJ/T 206

《村镇供水单位资质标准》SL 308

《生活饮用水集中式供水单位卫生规范》卫生部

3　术语和定义

下列术语和定义适用于本标准

3.1　生活饮用水（drinking water）

供人生活的饮水和生活用水。

3.2 供水方式 (type of water supply)

3.2.1 集中式供水 (central water supply)

自水源集中取水，通过输配水管网送到用户或者公共取水点的供水方式，包括自建设施供水。为用户提供日常饮用水的供水站和为公共场所、居民社区提供的分质供水也属于集中式供水。

3.2.2 二次供水 (secondary water supply)

集中式供水在入户之前经再度储存、加压和消毒或深度处理，通过管道或容器输送给用户的供水方式。

3.2.3 小型集中式供水 (small central water supply for rural areas)

日供水在 $1000m^3$ 以下（或供水人口在 1 万人以下）的农村集中式供水。

3.2.4 分散式供水 (non-central water supply)

用户直接从水源取水，未经任何设施或仅有简易设施的供水方式。

3.3 常规指标 (regular indices)

能反映生活饮用水水质基本状况的水质指标。

3.4 非常规指标 (non-regular indices)

根据地区、时间或特殊情况需要的生活饮用水水质指标。

4 生活饮用水水质卫生要求

4.1 生活饮用水水质应符合下列基本要求，保证用户饮用安全。

4.1.1 生活饮用水中不得含有病原微生物。

4.1.2 生活饮用水中化学物质不得危害人体健康。

4.1.3 生活饮用水中放射性物质不得危害人体健康。

4.1.4 生活饮用水的感官性状良好。

4.1.5 生活饮用水应经消毒处理。

4.1.6 生活饮用水水质应符合表 2-2 和表 2-4 卫生要求。集中式供水出厂水中消毒剂限值、出厂水和管网末梢水中消毒剂余量均应符合表 2-3 要求。

4.1.7 小型集中式供水和分散式供水的水质因条件限制，部分指标可暂按照表 2-5 执行，其余指标仍按表 2-2、表 2-3 和表 2-4 执行。

4.1.8 当发生影响水质的突发性公共事件时，经市级以上人民政府批准，感官性状和一般化学指标可适当放宽。

4.1.9 当饮用水中含有附录（表 2-6）所列指标时，可参考此表限值评价。

水质常规指标及限值　　　　　　　　　　　　　　表 2-2

指　　标	限　　值
1. 微生物指标[①]	
总大肠菌群(MPN/100mL 或 CFU/100mL)	不得检出
耐热大肠菌群(MPN/100mL 或 CFU/100mL)	不得检出
大肠埃希氏菌(MPN/100mL 或 CFU/100mL)	不得检出
菌落总数(CFU/mL)	100

续表

指　　标	限　　值
2. 毒理指标	
砷(mg/L)	0.01
镉(mg/L)	0.005
铬(六价,mg/L)	0.05
铅(mg/L)	0.01
汞(mg/L)	0.001
硒(mg/L)	0.01
氰化物(mg/L)	0.05
氟化物(mg/L)	1.0
硝酸盐(以 N 计,mg/L)	10 地下水源限制时为20
三氯甲烷(mg/L)	0.06
四氯化碳(mg/L)	0.002
溴酸盐(使用臭氧时,mg/L)	0.01
甲醛(使用臭氧时,mg/L)	0.9
亚氯酸盐(使用二氧化氯消毒时,mg/L)	0.7
氯酸盐(使用复合二氧化氯消毒时,mg/L)	0.7
3. 感官性状和一般化学指标	
色度(铂钴色度单位)	15
浑浊度(NTU-散射浊度单位)	1 水源与净水技术条件限制时为3
臭和味	无异臭、异味
肉眼可见物	无
pH (pH 单位)	不小于6.5且不大于8.5
铝(mg/L)	0.2
铁(mg/L)	0.3
锰(mg/L)	0.1
铜(mg/L)	1.0
锌(mg/L)	1.0
氯化物(mg/L)	250
硫酸盐(mg/L)	250
溶解性总固体(mg/L)	1000
总硬度(以 $CaCO_3$ 计,mg/L)	450
耗氧量(COD_{Mn}法,以 O_2 计,mg/L)	3 水源限制,原水耗氧量>6mg/L 时为5
挥发酚类(以苯酚计,mg/L)	0.002
阴离子合成洗涤剂(mg/L)	0.3

续表

指　标	限　值
4. 放射性指标②	指导值
总 α 放射性(Bq/L)	0.5
总 β 放射性(Bq/L)	1

① MPN 表示最可能数;CFU 表示菌落形成单位。当水样检出总大肠菌群时,应进一步检验大肠埃希氏菌或耐热大肠菌群;水样未检出总大肠菌群,不必检验大肠埃希氏菌或耐热大肠菌群。

② 放射性指标超过指导值,应进行核素分析和评价,判定能否饮用。

饮用水中消毒剂常规指标及要求　　　　　表 2-3

消毒剂名称	与水接触时间	出厂水中限值	出厂水中余量	管网末梢水中余量
氯气及游离氯制剂 (游离氯,mg/L)	至少 30min	4	≥0.3	≥0.05
一氯胺 (总氯,mg/L)	至少 120min	3	≥0.5	≥0.05
臭氧 (O_3,mg/L)	至少 12min	0.3	—	0.02 如加氯,总氯≥0.05
二氧化氯 (ClO_2,mg/L)	至少 30min	0.8	≥0.1	≥0.02

水质非常规指标及限值　　　　　表 2-4

指　标	限　值
1. 微生物指标	
贾第鞭毛虫(个/10L)	<1
隐孢子虫(个/10L)	<1
2. 毒理指标	
锑(mg/L)	0.005
钡(mg/L)	0.7
铍(mg/L)	0.002
硼(mg/L)	0.5
钼(mg/L)	0.07
镍(mg/L)	0.02
银(mg/L)	0.05
铊(mg/L)	0.0001
氯化氰 (以 CN-计,mg/L)	0.07
一氯二溴甲烷(mg/L)	0.1
二氯一溴甲烷(mg/L)	0.06
二氯乙酸(mg/L)	0.05
1,2-二氯乙烷(mg/L)	0.03

续表

指 标	限 值
二氯甲烷(mg/L)	0.02
三卤甲烷 (三氯甲烷、一氯二溴甲烷、二氯一溴甲烷、三溴甲烷的总和)	该类化合物中各种化合物的实测浓度与其 各自限值的比值之和不超过1
1,1,1-三氯乙烷(mg/L)	2
三氯乙酸(mg/L)	0.1
三氯乙醛(mg/L)	0.01
2,4,6-三氯酚(mg/L)	0.2
三溴甲烷(mg/L)	0.1
七氯(mg/L)	0.0004
马拉硫磷(mg/L)	0.25
五氯酚(mg/L)	0.009
六六六(总量,mg/L)	0.005
六氯苯(mg/L)	0.001
乐果(mg/L)	0.08
对硫磷(mg/L)	0.003
灭草松(mg/L)	0.3
甲基对硫磷(mg/L)	0.02
百菌清(mg/L)	0.01
呋喃丹(mg/L)	0.007
林丹(mg/L)	0.002
毒死蜱(mg/L)	0.03
草甘膦(mg/L)	0.7
敌敌畏(mg/L)	0.001
莠去津(mg/L)	0.002
溴氰菊酯(mg/L)	0.02
2,4-滴(mg/L)	0.03
滴滴涕(mg/L)	0.001
乙苯(mg/L)	0.3
二甲苯(mg/L)	0.5
1,1-二氯乙烯(mg/L)	0.03
1,2-二氯乙烯(mg/L)	0.05
1,2-二氯苯(mg/L)	1
1,4-二氯苯(mg/L)	0.3
三氯乙烯(mg/L)	0.07
三氯苯(总量,mg/L)	0.02
六氯丁二烯(mg/L)	0.0006

指　　　标	限　　　值
丙烯酰胺(mg/L)	0.0005
四氯乙烯(mg/L)	0.04
甲苯(mg/L)	0.7
邻苯二甲酸二(2-乙基己基)酯(mg/L)	0.008
环氧氯丙烷(mg/L)	0.0004
苯(mg/L)	0.01
苯乙烯(mg/L)	0.02
苯并(a)芘(mg/L)	0.00001
氯乙烯(mg/L)	0.005
氯苯(mg/L)	0.3
微囊藻毒素-LR(mg/L)	0.001
3. 感官性状和一般化学指标	
氨氮(以 N 计,mg/L)	0.5
硫化物(mg/L)	0.02
钠(mg/L)	200

小型集中式供水和分散式供水部分水质指标及限值　　　　表 2-5

指　　　标	限　　　值
1. 微生物指标	
菌落总数(CFU/mL)	500
2. 毒理指标	
砷(mg/L)	0.05
氟化物(mg/L)	1.2
硝酸盐(以 N 计,mg/L)	20
3. 感官性状和一般化学指标	
色度(铂钴色度单位)	20
浑浊度(NTU-散射浊度单位)	3　水源与净水技术条件限制时为 5
pH(pH 单位)	不小于 6.5 且不大于 9.5
溶解性总固体(mg/L)	1500
总硬度 (以 $CaCO_3$ 计,mg/L)	550
耗氧量(COD_{Mn} 法,以 O_2 计,mg/L)	5
铁(mg/L)	0.5
锰(mg/L)	0.3
氯化物(mg/L)	300
硫酸盐(mg/L)	300

5　生活饮用水水源水质卫生要求

5.1　采用地表水为生活饮用水水源时应符合《地表水环境质量标准》GB 3838 要求。

5.2　采用地下水为生活饮用水水源时应符合《地下水质量标准》GB/T 14848 要求。

6　集中式供水单位卫生要求

集中式供水单位的卫生要求应按照卫生部《生活饮用水集中式供水单位卫生规范》执行。

7　二次供水卫生要求

二次供水的设施和处理要求应按照《海洋工程地形测量规范》GB 17051 执行。

8　涉及生活饮用水卫生安全产品卫生要求

8.1　处理生活饮用水采用的絮凝、助凝、消毒、氧化、吸附、pH 调节、防锈、阻垢等化学处理剂不应污染生活饮用水，应符合《饮用水化学处理剂卫生安全性评价》GB/T 17218 要求。

8.2　生活饮用水的输配水设备、防护材料和水处理材料不应污染生活饮用水，应符合《生活饮用水输配水设备及防护材料的安全性评价标准》GB/T 17219 要求。

9　水质监测

9.1　供水单位的水质检测

供水单位的水质检测应符合以下要求。

9.1.1　供水单位的水质非常规指标选择由当地县级以上供水行政主管部门和卫生行政部门协商确定。

9.1.2　城市集中式供水单位水质检测的采样点选择、检验项目和频率、合格率计算按照《城市供水水质标准》CJ/T 206 执行。

9.1.3　村镇集中式供水单位水质检测的采样点选择、检验项目和频率、合格率计算按照《村镇供水单位资质标准》SL 308 执行。

9.1.4　供水单位水质检测结果应定期报送当地卫生行政部门，报送水质检测结果的内容和办法由当地供水行政主管部门和卫生行政部门商定。

9.1.5　当饮用水水质发生异常时应及时报告当地供水行政主管部门和卫生行政部门。

9.2　卫生监督的水质监测

9.2.1　各级卫生行政部门应根据实际需要定期对各类供水单位的供水水质进行卫生监督、监测。

9.2.2　当发生影响水质的突发性公共事件时，由县级以上卫生行政部门根据需要确定饮用水监督、监测方案。

9.2.3　卫生监督的水质监测范围、项目、频率由当地市级以上卫生行政部门确定。

10　水质检验方法

生活饮用水水质检验应按照《生活饮用水标准检验方法　总则》GB/T 5750.1～《生活饮用水标准检验方法　放射性指标》GB/T 5750.13 部分执行。

附录（资料性附录）

生活饮用水水质参考指标及限值　　　　　表2-6

指　　标	限　　值
肠球菌(CFU/100mL)	0
产气荚膜梭状芽孢杆菌(CFU/100mL)	0
二(2-乙基己基)己二酸酯(mg/L)	0.4

续表

指　标	限　值
二溴乙烯(mg/L)	0.00005
二噁英(2,3,7,8-TCDD,mg/L)	0.00000003
土臭素(二甲基萘烷醇,mg/L)	0.00001
五氯丙烷(mg/L)	0.03
双酚 A(mg/L)	0.01
丙烯腈(mg/L)	0.1
丙烯酸(mg/L)	0.5
丙烯醛(mg/L)	0.1
四乙基铅(mg/L)	0.0001
戊二醛(mg/L)	0.07
甲基异莰醇-2(mg/L)	0.00001
石油类(总量,mg/L)	0.3
石棉($>10\mu m$,万/L)	700
亚硝酸盐(mg/L)	1
多环芳烃(总量,mg/L)	0.002
多氯联苯(总量,mg/L)	0.0005
邻苯二甲酸二乙酯(mg/L)	0.3
邻苯二甲酸二丁酯(mg/L)	0.003
环烷酸(mg/L)	1.0
苯甲醚(mg/L)	0.05
总有机碳(TOC,mg/L)	5
萘酚-β(mg/L)	0.4
黄原酸丁酯(mg/L)	0.001
氯化乙基汞(mg/L)	0.0001
硝基苯(mg/L)	0.017

第五节　二次供水工程技术规程

《二次供水工程技术规程》CJJ 140—2010 作为行业标准，由中华人民共和国住房和城乡建设部于 2010 年 4 月 17 日发布，2010 年 10 月 1 日实施。

二次供水工程技术规程

1　总则

1.0.1　为保障城镇供水安全、卫生和社会公众利益，提高二次供水工程的建设质量和管理水平，制定本规程。

1.0.2　本规程适用于城镇新建、扩建和改建的民用与工业建筑生活饮用水二次供水工程的设计、施工、安装调试、验收、设施维护与安全运行管理。

1.0.3　二次供水工程的建设和管理除应符合本规程的规定外，尚应符合国家现行有关标准的规定。

2　术语

2.0.1　二次供水

当民用与工业建筑生活饮用水对水压、水量的要求超过城镇公共供水或自建设施供水管网能力时，通过储存、加压等设施经管道供给用户或自用的供水方式。

2.0.2　二次供水设施

为二次供水设置的泵房、水池（箱）、水泵、阀门、电控装置、消毒设备、压力水容器、供水管道等设施。

2.0.3　叠压供水

利用城镇供水管网压力直接增压的二次供水方式。

2.0.4　引入管

由城镇供水管网引入二次供水设施的管段。

3　基本规定

3.0.1　当民用与工业建筑生活饮用水用户对水压、水量要求超过供水管网的供水能力时，必须建设二次供水设施。

3.0.2　二次供水不得影响城镇供水管网正常供水。

3.0.3　新建二次供水设施应与主体工程同时设计、同时施工、同时投入使用。

3.0.4　二次供水工程的设计、施工应由具有相应资质的单位承担。

3.0.5　二次供水设施应独立设置，并应有建筑围护结构。

3.0.6　二次供水设施应具有防污染措施。

3.0.7　二次供水设施应有运行安全保障措施。

3.0.8　二次供水设施中的涉水产品应符合现行国家标准《生活饮用水输配水设备及防护材料的安全性评价标准》GB/T 17219 的有关规定。

3.0.9　二次供水设备应有铭牌标识和产品质量相关资料。

4　水质、水量、水压

4.0.1　二次供水水质应符合现行国家标准《生活饮用水卫生标准》GB 5749 的有关规定。

4.0.2　二次供水水量应根据小区及建筑物使用性质、规模、用水范围、用水器具及设备用水量进行计算确定。用水定额及计算方法，应符合现行国家标准《建筑给水排水设计标准》GB 50015，《室外给水设计规范》GB 50013、《城市居民生活用水量标准》GB/T 50331 的有关规定。

4.0.3　二次供水系统的供水压力应根据最不利用水点的工作压力确定。

5　系统设计

5.1　一般规定

5.1.1　二次供水系统的设计应与城镇供水管网的供水能力和用户的用水需求相匹配。

5.1.2 二次供水系统的设计应满足安全使用和节能、节地、节水、节材的要求，并应符合环境保护、施工安装、操作管理、维修检测等要求。

5.1.3 不同用水性质的用户应分别独立计量，新建住宅应计量到户，水表宜出户。

5.2 系统选择

5.2.1 二次供水应充分利用城镇供水管网压力，并依据城镇供水管网条件，综合考虑小区或建筑物类别、高度、使用标准等因素，经技术经济比较后合理选择二次供水系统。

5.2.2 二次供水系统可采用下列供水方式：

1. 增压设备和高位水池（箱）联合供水；

2. 变频调速供水；

3. 叠压供水；

4. 气压供水。

5.2.3 给水系统的竖向分区应符合现行国家标准《建筑给水排水设计标准》GB 50015 的规定。

5.2.4 叠压供水方式应有条件使用。采用叠压供水方式时，不得造成该地区城镇供水管网的水压低于本地规定的最低供水服务压力。

5.3 流量与压力

5.3.1 二次供水系统设计用水量计算应包括管网漏失水量和未预见水量，管网漏失水量和未预见水量之和应按最高日用水量的 8%～12% 计算。

5.3.2 二次供水系统的设计流量和管道水力计算应符合现行国家标准《建筑给水排水设计标准》GB 50015 的规定。

5.3.3 叠压供水系统的设计压力应考虑城镇供水管网可利用水压。叠压供水系统节能优势就体现在能充分利用城镇供水管网的水压。

5.3.4 高层建筑采用减压阀供水方式的系统，阀后配水件处的最大压力应按减压阀失效情况下进行校核，其压力不应大于配水件的产品标准规定的水压试验压力。

5.3.5 高位水池（箱）与最不利用水点的高差应满足用水点水压要求，当不能满足时，应采取增压措施。

5.4 管道布置

5.4.1 当使用二次供水的居住小区规模在 7000 人以上时，小区二次供水管网宜布置成环状，与小区二次供水管网连接的加压泵出水管不宜少于两条，环状管网应设置阀门分段。

5.4.2 二次供水泵房引入管宜从居住小区给水管网或条件许可的城镇供水管网单独引入。

5.4.3 室外二次供水管道的布置不得污染生活用水，当达不到要求时，应采取相应的保护措施，并应符合现行国家标准《室外给水设计规范》GB 50013 的规定。

5.4.4 小区和室内二次供水管道的布置应符合现行国家标准《建筑给水排水设计标准》GB 50015 的规定。

5.4.5 二次供水的室内生活给水管道宜布置成枝状管网，单向供水。

5.4.6 二次供水管道的伸缩补偿装置应按现行国家标准《建筑给水排水设计标准》

GB 50015 执行。

6.4.7　叠压供水设备应预留消毒设施接口。

6　设备设施

6.1　水池（箱）

6.1.1　当水箱选用不锈钢材料时，焊接材料应与水箱材质相匹配，焊缝应进行抗氧化处理。

6.1.2　水池（箱）宜独立设置，且结构合理、内壁光洁、内拉筋无毛刺、不渗漏。

6.1.3　水池（箱）距污染源、污染物的距离应符合现行国家标准《建筑给水排水设计标准》GB 50015 的规定。

6.1.4　水池（箱）应设置在维护方便、通风良好、不结冰的房间内。室外设置的水池（箱）及管道应有防冻、隔热措施。

6.1.5　当水池（箱）容积大于 50m³ 时，宜分为容积基本相等的两格，并能独立工作。

6.1.6　水池高度不宜超过 3.5m，水箱高度不宜超过 3m。当水池（箱）高度大于 1.5m 时，水池（箱）内外应设置爬梯。

6.1.7　建筑物内水池（箱）侧壁与墙而间距不宜小于 0.7m，安装有管道的侧面，净距不宜小于 1.0m；水池（箱）与室内建筑凸出部分间距不宜小于 0.5m；水池（箱）顶部与楼板间距不宜小于 0.8m；水池（箱）底部应架空，距地而不宜小于 0.5m，并应具有排水条件。

6.1.8　水池（箱）应设进水管、出水管、溢流管、泄水管、通气管、人孔，并应符合下列规定：

1. 进水管的设置应符合现行国家标准《建筑给水排水设计标准》GB 50015 的规定。

2. 出水管管底应高于水池（箱）内底，高差不小于 0.1m。

3. 进、出水管的布置不得产生水流短路，必要时应设导流装置。

4. 进、出水管上必须安装阀门，水池（箱）宜设置水位监控和溢流报警装置。

5. 溢流管管径应大于进水管管径，宜采用水平喇叭口溢水，溢流管出口末端应设置耐腐蚀材料防护网，与排水系统不得直接连接并应有不小于 0.2m 的空气间隙。

6. 泄水管应设在水池（箱）底部，管径不应小于 $DN50$。水池（箱）底部宜有坡度，并坡向泄水管或集水坑。泄水管与排水系统不得直接连接并应有不小于 0.2m 的空气间隙。

7. 通气管管径不应小于 $DN25$，通气管口应采取防护措施。

8. 水池（箱）人孔必须加盖、带锁、封闭严密，人孔高出水池（箱）外顶不应小于 0.1m。圆型人孔直径不应小于 0.7m，方型人孔每边长不应小于 0.6m。

6.2　压力水容器

6.2.1　压力水容器应符合现行国家标准《压力容器》GB 150 及有关标准的规定。

6.2.2　压力水容器宜选用不锈钢材料，焊接材料应与压力水容器材质相匹配，焊缝应进行抗氧化处理。

6.2.3　二次供水宜采用隔膜式气压给水设备。当采用补气式气压给水设备时，宜安装空气处理装置。

6.2.4　气压罐的有效容积应与水泵允许启停次数相匹配。

6.3 水泵

6.3.1 居住建筑和公共建筑二次供水设施选用的水泵，噪声应符合《泵的噪声测量与评价方法》GB/T 29529—2013 的要求，振动应符合《泵的振动测量与评价方法》GB/T 29531—2013 的要求。

6.3.2 二次供水设施中的水泵选择应符合下列规定：

1 低噪声、节能、维修方便；

2 采用变频调速控制时，水泵额定转速时的工作点应位于水泵高效区的末端；

3 用水量变化较大的用户，宜采用多台水泵组合供水；

4 应设置备用水泵，备用泵的供水能力不应小于最大一台运行水泵的供水能力。

6.3.3 电机额定功率在 11kW 以下的水泵，宜采用成套水泵机组。水泵机组应采取减振措施。

6.3.4 每台水泵的出水管上，应装设压力表、止回阀和阀门，必要时应设置水锤消除装置。

6.3.5 每台水泵宜设置单独的吸水管。

6.3.6 水泵吸水口处变径宜采用偏心管件，水泵出水口处变径应采用同心管件。

6.3.7 水泵应采用自灌式吸水，当因条件所限不能自灌吸水时应采取可靠的引水措施。

6.4 管道与附件

6.4.1 二次供水给水管道及附件应采用耐腐蚀、寿命长、水头损失小、安装方便、便于维护、卫生环保的材质，并应符合相应的压力等级，严禁使用国家明令淘汰的产品。

6.4.2 管道、附件及连接方式应根据不同管材，按相应技术要求确定。

6.4.3 二次供水管道应有标识，标识宜为蓝色。

6.4.4 严禁二次供水管道与非饮用水管道连接。

6.4.5 根据当地的气候条件，二次供水管道应采取隔热或防冻措施，室外明设的非金属管道应防止曝晒和紫外线的侵害。

6.4.6 应根据管径、承受压力及安装环境等条件，采用水力条件好、关闭灵活、耐腐蚀、寿命长的阀门。

6.4.7 阀门应设置在易操作和方便检修的位置。

6.4.8 室外阀门宜设置在阀门井内或采用阀门套筒。

6.4.9 二次供水管道的下列部位应设置阀门：

1 环状管段分段处；

2 从干管上接出的支管起始端；

3 水表前、后处；

4 自动排气阀、泄压阀、压力表等附件前端，减压阀与倒流防止器前、后端。

6.4.10 当二次供水管道的压力高于配水点允许的最高使用压力时，应设置减压装置。

6.4.11 二次供水管道的下列部位应设置自动排气装置：

1 间歇式使用的给水管网的末端和最高点；

2 管网有明显起伏管段的峰点；

3 采用补气式气压给水设备供水的配水管网最高点；

4 减压阀出口端管道上升坡度的最高点和设有减压阀的供水系统立管顶端。

6.4.12 浮球阀的浮球、连接杆应采用耐腐蚀材质。

6.4.13 倒流防止器的设置应符合现行国家标准《建筑给水排水设计标准》GB 50015 的规定，宜选用低阻力倒流防止器。

6.4.14 供水管道的过滤器滤网应采用耐腐蚀材料，滤网目数应为 20 目～40 目，下列部位应设置供水管道过滤器：

1 减压阀、自动水位控制阀等阀件前；

2 叠压供水设备的进水管处。

6.4.15 减压阀的设置应符合现行国家标准《建筑给水排水设计标准》GB 50015 的规定。

6.5 消毒设备

6.5.1 二次供水设施的水池（箱）应设置消毒设备。

6.5.2 消毒设备可选择臭氧发生器、紫外线消毒器和水箱自洁消毒器等，其设计、安装和使用应符合国家现行有关标准的规定。

6.5.3 臭氧发生器应设置尾气消除装置。

6.5.4 紫外线消毒器应具备对紫外线照射强度的在线检测，并宜有自动清洗功能。

6.5.5 水箱自洁消毒器宜外置。

7 泵房

7.0.1 室外设置的泵房应符合现行国家标准《泵站设计规范》GB/T 50265 的有关规定。

7.0.2 居住建筑的泵房应符合下列规定：

1 不应毗邻起居室或卧室。宜设置在居住建筑之外或居住建筑的地下二层，当居住建筑首层为公建时，可设置在地下一层；

2 泵房应独立设置，泵房出入口应从公共通道直接进入；

3 泵房应有可贸易结算的独立用电计量装置；

4 泵房应安装防火防盗门，其尺寸应满足搬运最大设备的需要，窗户及通风孔应设防护格栅式网罩。

7.0.3 泵房应采取减振防噪措施，并应符合现行国家标准《建筑给水排水设计标准》GB 50015 的规定。

7.0.4 泵房环境噪声应符合现行国家标准《城市区域环境噪声标准》GB 3096 和《民用建筑隔声设计规范》GB 50118 的要求。

7.0.5 泵房内电控系统宜与水泵机组、水箱、管道等输配水设备隔离设置，并应采取防水、防潮和消防措施。

7.0.6 泵房的内墙、地面应选用符合环保要求、易清洁的材料铺砌或涂覆。

7.0.7 泵房应设置排水设施，泵房内地面应有不小于 0.01 的坡度坡向排水设施。

7.0.8 泵房应设置通风装置，保证房间内通风良好。

7.0.9 水泵基础高出地面的距离不应小于 0.1m。

7.0.10 水泵机组的布置应符合现行国家标准《建筑给水排水设计标准》GB 50015

的规定，当电机额定功率小于 11kW 或水泵吸水口直径小于 65mm 时，多台水泵可设在同一基础上；基础周围应有宽度大于 0.8m 的通道；不留通道的机组的突出部分与墙壁间的净距或相邻两台机组突出部分的净距应大于 0.4m。

7.0.11　泵房内应有设备维修的场地，宜有设备备件储存的空间。

7.0.12　泵房宜采用远程监控系统。

8　控制与保护

8.1　控制

8.1.1　控制设备应符合下列规定：

1. 应按现行国家标准《通用用电设备配电设计规范》GB 50055 的有关规定执行；

2. 应设定就地自动和手动控制方式，可采用远程控制；

3. 应具有必要的参数、状态和信号显示功能；

4. 备用泵可设定为故障自投和轮换互投。

8.1.2　变频调速控制时，设备应能自动进行小流量运行控制。

8.1.3　设备应有水压、液位、电压、频率等实时检测仪表。

8.1.4　叠压供水设备应能进行压力、流量控制。

8.1.5　检测仪表的量程应为工作点测量值的 1.5 倍~2 倍。

8.1.6　二次供水设备宜有人机对话功能，界面应汉化、图标明显、显示清晰、便于操作。

8.1.7　变频调速供水电控柜（箱）应符合现行行业标准《微机控制变频调速给水设备》CJ/T 352 的规定。

8.1.8　二次供水控制设备应提供标准的通信协议和接口。

8.2　保护

8.2.1　控制设备应有过载、短路、过压、缺相、欠压、过热和缺水等故障报警及自动保护功能。对可恢复的故障应能自动或手动消除，恢复正常运行。

8.2.2　设备的电控柜（箱）应符合现行国家标准《电气控制设备》GB/T 3797 的有关规定。

8.2.3　电源应满足设备的安全运行，宜采用双电源或双回路供电方式。

8.2.4　水池（箱）应有液位控制装置，当遇超高液位和超低液位时，应自动报警。

9　施工

9.1　一般规定

9.1.1　施工单位应按批准的二次供水工程设计文件和审查合格的施工组织设计进行施工安装，不得擅自修改工程设计。

9.1.2　施工力量、施工场地及施工机具，应具备安全施工条件。

9.2　设备安装

9.2.1　设备的安装应按工艺要求进行，压力、液位、电压、频率等监控仪表的安装位置和方向应正确，精度等级应符合国家现行有关标准的规定，不得少装、漏装。

9.2.2　材料和设备在安装前应核对、复验，并做好卫生清洁及防护工作。阀门安装前应进行强度和严密性试验。

9.2.3　设备基础尺寸、强度和地脚螺栓孔位置应符合设计和产品要求。

9.2.4　设备安装位置应满足安全运行、清洁消毒、维护检修要求。

9.2.5　水泵安装应符合现行国家标准《风机、压缩机、泵安装工程施工及验收规范》GB 50275的有关规定。

9.2.6　电控柜（箱）的安装应符合现行国家标准《建筑电气工程施工质量验收规范》GB 50303的有关规定。

9.3　管道敷设

9.3.1　管道敷设应符合现行国家标准《建筑给水排水及采暖工程施工质量验收规范》GB 50242及有关标准的规定。

9.3.2　二次供水的建筑物引入管与污水排出管的管外壁水平净距不宜小于1.0m，引入管应有不小于0.003的坡度，坡向室外管网或陶门井、水表井；引入管的拐弯处宜设支墩；当穿越承重墙或基础时，应预留洞口或钢套管；穿越地下室外墙处应预埋防水套管。

9.3.3　二次供水室外管道与建筑物外墙平行敷设的净距不宜小于1.0m，且不得影响建筑物基础；供水管与污水管的最小水平净距应为0.8m，交叉时供水管应在污水管上方，且接口不应重叠，最小垂直净距应为0.1m，达不到要求的应采取保护措施。

9.3.4　埋地金属管应做防腐处理。

9.3.5　埋地钢塑复合管不宜采用沟槽式连接方式。

9.3.6　管道安装时管道内和接口处应清洁无污物，安装过程中应严防施工碎屑落入管中，施工中断和结束后应对敞口部位采取临时封堵措施。

9.3.7　钢塑复合管套丝时应采取水溶性润滑油，螺纹连接时，宜采取聚四氟乙烯生料带等材料，不得使用对水质产生污染的材料。

10　调试与验收

10.1　调试

10.1.1　设施完工后应按原设计要求进行系统的通电、通水调试。

10.1.2　管道安装完成后应分别对立管、连接管及室外管段进行水压试验。系统中不同材质的管道应分别试压。水压试验必须符合设计要求，不得用气压试验代替水压试验。

10.1.3　暗装管道必须在隐蔽前试压及验收。热熔连接管道水量试验应在连接完成24h后进行。

10.1.4　金属管、复合管及塑料管管道系统的试验压力应符合现行国家标准《建筑给水排水及采暖工程施工质量验收规范》GB 50242的规定。各种材质的管道系统试验压力应为管道工作压力的1.5倍，且不得小于0.60MPa。

10.1.5　对不能参与试压的设备、仪表、阀门及附件应拆除或采取隔离措施。

10.1.6　贮水容器应做满水试验。

10.1.7　消毒设备应按照产品说明书进行单体调试。

10.1.8　系统调试前应将阀门置于相应的通、断位置，并将电控装置逐级通电，工作电压应符合要求。

10.1.9　水泵应进行点动及连续运转试验，当泵后压力达到设定值时，对压力、流量、液位等自动控制环节应进行人工扰动试验，且均应达到设计要求。

10.1.10　系统调试模拟运转不应少于30min。

10.1.11　调试后必须对供水设备、管道进行冲洗和消毒。

10.1.12　冲洗前对系统内易损部件应进行保护或临时拆除，冲洗流速不应小于1.5m/s。消毒时，应根据二次供水设施类型和材质选择相应的消毒剂，可采用20mg/L～30mg/L的游离氯消毒液浸泡24h。

10.1.13　冲洗、消毒后，系统出水水质应符合现行国家标准《生活饮用水卫生标准》GB 5749的规定。

10.2　验收

10.2.1　二次供水工程安装及调试完成后应按下列规定组织竣工验收：

1. 工程质量验收应按现行国家标准《建筑给水排水及采暖工程施工质量验收规范》GB 50242和《建筑工程施工质量验收统一标准》GB 50300执行；

2. 设备安装验收应按现行国家标准《机械设备安装工程施工及验收通用规范》GB 50231执行；

3. 电气安装验收应按现行国家标准《建筑电气工程施工质量验收规范》GB 50303执行。

10.2.2　竣工验收时应提供下列文件资料：

1. 施工图、设计变更文件、竣工图；

2. 隐蔽工程验收资料；

3. 工程所包括设备、材料的合格证、质保卡、说明书等相关资料；

4. 涉水产品的卫生许可；

5. 系统试压、冲洗、消毒、调试检查记录；

6. 水质检测报告；

7. 环境噪声监测报告；

8. 工程质量评定表。

10.2.3　竣工验收时应检查下列项目：

1. 电源的可靠性；

2. 水泵机组运行状况和扬程、流量等参数；

3. 供水管网水压达到设定值时，系统的可靠性；

4. 管道、管件、设备的材质与设计要求的一致性；

5. 设备显示仪表的准确度；

6. 设备控制与数据传输的功能；

7. 设备接地、防雷等保护功能；

8. 水池（箱）的材质与设置；

9. 供水设备的排水、通风、保温等环境状况。

10.2.4　竣工验收时应重点检查下列项目：

1. 防回流污染设施的安全性；

2. 供水设备的减振措施及环境噪声的控制；

3. 消毒设备的安全运行。

10.2.5　验收合格后应将有关设计、施工及验收的文件立卷归档。

11　设施维护与安全运行管理

11.1　一般规定

11.1.1　二次供水设施的运行、维护与管理应有专门的机构和人员。

11.1.2　管理机构应制定二次供水的管理制度和应急预案。

11.1.3　运行管理人员应具备相应的专业技能，熟悉二次供水设施、设备的技术性能和运行要求，并应持有健康证明。

11.1.4　管理机构应制定设备运行的操作规程，包括操作要求、操作程序、故障处理、安全生产和日常保养维护要求等。

11.1.5　管理机构应建立健全各项报表制度，包括设备运行、水质、维修、服务和收费的月报、年报。

11.1.6　采用叠压供水的用户变更用水性质时，应经供水企业同意。

11.1.7　管理机构应建立健全室外管道与设备、设施的运行、维修维护档案管理制度。

11.2　设施维护

11.2.1　管理机构应建立日常保养、定期维护和大修理的分级维护检修制度，运行管理人员应按规定对设施进行定期维修保养。

11.2.2　运行管理人员必须严格按照操作规程进行操作，对设备的运行情况及相关仪表、阀门应按制度规定进行经常性检查，并做好运行和维修记录。记录内容包括：交接班记录、设备运行记录、设备维护保养记录、管网维护维修记录；应有故障或事故处理记录。

11.2.3　运行管理人员不得随意更改已设定的运行控制参数。

11.2.4　二次供水设施出现故障应及时抢修，尽快恢复供水。

11.2.5　泵房内应整洁，严禁存放易燃、易爆、易腐蚀及可能造成环境污染的物品。泵房应保持清洁、通风，确保设备运行环境处于符合规定的湿度和温度范围。

11.3　安全运行管理

11.3.1　管理机构应采取安全防范措施，加强对泵房、水池（箱）等二次供水设施重要部位的安全管理。

11.3.2　运行管理人员应定期巡检设施运行及室外埋地管网，严禁在泵房、水池（箱）周围堆放杂物，不得在管线上压、埋、围、占，及时制止和消除影响供水安全的因素。

11.3.3　运行管理人员应定期检查泵房内的排水设施、水池（箱）的液位控制系统、消毒设施、各类仪表、阀门井等，以保证阀门井盖不缺失、阀门不漏水；自动排气阀、倒流防止器运行正常。

11.3.4　运行管理人员应定期分析供水情况，经常进行二次供水设备安全检查，及时排除影响供水安全的各种故障隐患。

11.3.5　运行管理人员应定期检查并及时维护室内管道，保持室内管道无漏水和渗水。及时调整并记录减压阀工作情况，包括水压、流量以及管道的承压情况。

11.3.6　水池（箱）必须定期清洗消毒，每半年不得少于一次，并应同时对水质进行检测。

11.3.7 水质检测项目至少应包括：色度、浊度、嗅味、肉眼可见物、pH 值、大肠杆菌、细菌总数、余氯，水质检测取水点宜设在水池（箱）出水口，水质检测记录应存档备案。

思 考 题

1. 《供用水合同》是否需要备案？
2. 城市供水条例从何时起开始实施？
3. 城市用水计划由哪个部门如何制定？
4. 城镇供水服务标准针对售后服务处理期限如何规定？
5. 《生活饮用水卫生标准》GB 5749—2006 水质检测指标有多少项？
6. 二次供水系统可采用哪几种供水方式？
7. 二次供水系统加压方式有哪几种？
8. 当水池（箱）高度大于多少时，水池（箱）内外应设置爬梯？
9. 水池（箱）顶部与楼板间距不宜小于多少？
10. 二次供水管道的哪些部位应设置阀门？
11. 居住建筑的泵房应符合哪些条件？
12. 二次供水系统加压方式有哪几种？
13. 当水池（箱）高度大于多少时，水池（箱）内外应设置爬梯？
14. 水池（箱）顶部与楼板间距不宜小于多少？
15. 二次供水管道的哪些部位应设置阀门？
16. 居住建筑的泵房应符合哪些条件？

第三章

给水工程基础知识

第一节　给水系统概述

1. 给水系统分类和功能

水是人类和地球上一切生物生存发展所必需的、不可替代的一种特殊资源，是基础性的自然资源、战略性的经济资源和公共性的社会资源。在自然界中，水处于不断运动、不断循环之中，这种运动和循环具有突出的系统属性。用水的缺乏将直接影响人民的正常生活和经济发展，因此，给水系统是人类社会生活和生产环境中的一项重要的基础设施。

给水系统是由取水、输水、水质处理和配水等各关联设施所组成的总体，一般由原水取集、输送、处理、成品水输配和排泥水处理的给水工程中各个构筑物和输配水管渠组成。因此，大到跨区域的城市给水引水工程，小到居民楼房的给水设施，都可以纳入给水系统的范畴。

（1）给水系统的分类

由于工作环境和使用要求的变化，给水系统往往存在着多种形式。根据不同的描述角度，可以将给水系统按照一定的方式进行分类：

1）按取水水源的种类

根据不同水源设计的给水系统分为地表水给水系统和地下水给水系统，其中地表水给水系统主要包括江河水给水系统、湖泊水给水系统、水库水给水系统和海洋水给水系统；地下水给水系统主要包括浅层地下水给水系统、深层地下水给水系统和泉水给水系统。

2）按供水能量的提供方式

按照供水能量的来源，可以把给水系统分为：自流式给水系统（又称重力给水系统）、水泵给水系统（又称压力给水系统）和混合给水系统（重力—压力结合供水）。

3）按供水使用的目的

按照供水使用的目的，可以把给水系统分为：生活给水系统、生产给水系统和消防给水系统。也可以供给多种使用目的，如生活、生产给水系统。

4）按供水服务的对象

给水系统的服务对象相当广泛,例如城镇、工矿企业和居民小区等。可以按照供水服务的具体对象将给水系统区分为城市给水系统、工业给水系统等。

5)按水的使用方式

直流给水系统:供水使用以后废弃排放,或随产品带走或蒸发散失;

循环给水系统:供水使用以后经过简单处理,再度被原用水设备重复使用;

复用给水系统:供水使用以后经过简单处理,被另一种用途的用水设备再度使用,又称为循序供水系统。

6)按给水系统的供水方式

统一给水系统:采用同一个供水系统、以相同的水质供给用水区域内所有用户的各种用水,包括生活用水、生产用水、消防用水等。

分质给水系统:按照供水区域内不同用户各自的水质要求或同一个用户有不同的用水水质要求,实行不同供水水质分别供水的系统。分质给水系统可以是采用同一水源,但水处理流程和输配水子系统独立的供水;也可以是用完全相互独立的各个给水系统分别供给不同的水质。

分压给水系统:根据地形高差或用户对管网水压要求不同,实行不同供水压力分系统供水的系统。供给用户不同的水压,可以是采用同一水源的给水系统,也可以是采用完全相互独立的各个给水系统分别供给不同的水压。

分区给水系统:对不同区域实行相对独立供水的系统。当在城市的供水范围内有显著的区域性地形高差时,可以采用特殊设计的输配水系统把水分别供给不同地形高程的用户。这样既有利于输配水管网的建设,又有节约能量作用。分区给水可以是采用同一水源的给水系统,也可以是采用完全相互独立供水的各个给水系统分别供给不同的区域。

区域给水系统:在一个较大的地域范围内统一取用一个水质较好、供水量较充裕的水源,组成一个跨越地域界限、向多个城镇和乡村统一供水的系统。区域供水系统具有保证水质水量和集中管理的优势,适用于经济建设比较发达、城镇分布比较集中、供水水源条件受到限制的地区。

按照以上给水系统分类的不同方式,可以从多个角度上描述某一具体的给水系统。例如,某个水泵供水的城镇供水系统取自地表水源,可以称之为"城镇地表水压力给水系统"等。必须指出,给水系统的分类体系不是很严格,很多类别之间的分界面并不清晰给水系统的分类概念主要是为了描述上的方便,以便对系统的水源、工作方式和服务目标等作简单的说明。

(2)给水系统的功能

给水系统应具有以下三项主要功能:

1)水量保障:向指定的用水地点及时可靠地提供满足需求的用水量。

2)水质保障:向指定用水地点和用户供给符合质量要求的水,主要包括采用合适的给水处理措施使供水(包括水的循环利用)水质达到用户用水所要求的质量,通过设计和运行管理中的物理和化学等手段控制储存水和输配水过程中的水质变化。

3)水压保障:为用户用水提供符合标准的用水压力,使用户在任何时间都能取得充足的水量。在地形高差较大的地方,应充分利用地形高差所形成的重力提供供水压力;在地形平坦的低区,以保证用水设施安全和用水舒适。

城市给水系统还需从用水需求、减少渗漏、节水措施和加强补给等方面进行调控，保证其功能的发挥：

1) 节制需求：现实生活和生产活动中，不合理的用水和浪费水现象严重，必须对用水需求进行节制。主要手段有计划管理、定额管理、价格调控和宣传教育，还要大力发展节水器具和节水型工艺，提倡一水多用，重复利用，提高用水效率。

2) 减少渗漏：渗漏是城市供水和用水过程中存在的普遍现象，全球每年渗漏浪费的水量超过 100 亿吨。减少渗漏的主要手段是将技术和经济措施相结合，加强供水管网的渗漏控制和用水器具的跑冒滴漏控制等。

3) 增加补给：降雨对地表水和地下水的补给是城市供水系统进入良性循环的基本前提，但由于城市化的发展和水土流失等原因，降雨对城市供水系统的补给正在逐渐减少。主要是采用技术、经济、行政和法律手段，限制地下水超采，增加人工回灌，扩大或诱导地下水的补给，涵养地表水源。

2. 给水系统的组成

给水系统必须能完成以下功能：从水源取得符合一定质量标准和数量要求的水；按照用户的要求进行处理；将水输送到用水区域，按照用户所需的流量和压力向用户供水。因此，给水系统的组成大致分为取水工程、水处理工程和输配水工程三个部分。所组成的单元通常由以下工程设施构成。

（1）取水构筑物

取水构筑物是从水源地取集原水而设置的构筑物总称，通常指取水泵房和取水泵房以前的构筑物，用于从选定的水源和取水地点取水。所取水的水质必须符合有关水源水质标准，取水水量必须能满足供水对象的需要量。水源的水文条件、地质条件、环境因素和施工条件等直接影响取水工程的投资。取水构筑物有可能邻近水厂，也有可能远离水厂，需要独立进行运行管理。

（2）水处理构筑物

水处理构筑物是将取得的原水采用物理、化学和生物等方法进行经济有效处理，改善水质，使之满足用户用水水质要求的构筑物。水处理构筑物是水厂的主体部分，是水厂保证供水水质的主要土建设施和相关设备。

（3）水泵站

水泵站是指安装水泵机组和附属设施用以提升水的建筑物以及配套设施的总称。其任务是将水提升到一定的压力或高度，使之能满足水处理构筑物运行和向用户供水的需要。按其功能划分，给水系统中使用的水泵站可以分为：

1) 一级泵站：又称取水泵站、水源泵站或浑水泵站等。其任务是将取水构筑物取到的原水输送给水厂中的水处理构筑物。一级泵站一般与取水构筑物建造在同一处，成为取水构筑物的一个组成部分，但也有不建在同一处的。另有一些大型给水工程中设置了调蓄水库，通过水泵提升把江河水输入水库，再由水泵水库水输送到水处理厂。通常称水库前的泵站为翻水泵站，水库后的泵站为输水泵站。

2) 二级泵站：又称送水泵站或清水泵站等。其任务是将水厂生产的清水提升到一定的压力或高度，通过管道系统输送给用户。二级泵站常设在水厂内，由水厂管理维护，二级泵站的供水量和供水压力按照管网调度中心的指令运行。小型水厂采用压力滤池时或建在山上的高地水厂可不设二级泵房。

3）增压泵站：增压泵站是接力提升输水压力的泵站。按照具体需要，增压泵站可以设在城市管网和各种长距离输水的管渠中间，输送的水可以是浑水，也可以是清水。设在城市管网中的增压泵站一般直接从城市管网中取水，按照管网调度中心的指令运行。

4）调蓄泵站：调蓄泵站又称水库泵站，是在配水系统中，设有调节水量的水池、提升水泵机组和附属设施的泵站。泵站的功能相当于一个水源供水。

（4）输水管渠

输水管渠是将大量的水从一处输送到另一处的通道。一般常指将原水从取水水源输送到水厂的（水源水）输水管渠。显然，无论取水构筑物距离水厂多远，原水输水管渠都是必需的。

当水厂距离供水区域有一段距离的时候，采用专用的输水管把水厂处理后的水输送到供水区域，一般称为清水输水管。有的城市水厂二级泵站与水厂分开建设，二级泵站和清水池建造在靠近城市一端，这种单独设置和运行管理的二级泵站和清水池接受管网调度中心的指定运行，常称为"配水厂"。

（5）管网

管网是建造在城市供水区域内的向用户配水的管道系统。其任务是将清水输送和分配到供水区域内的各个用户。

（6）调节（调蓄）构筑物

调节构筑物一般设计成各种类型的容积式储水构筑物，通常包括：

1）清水池：在供水系统流程中设置在水厂处理构筑物与二级泵站之间，调节水厂制水量与供水量之间差额的水池，主要任务是调节水处理构筑物的出水流量和二级泵站供水流量之间的差额，储存供水区域的消防用水，有时还提供水处理工艺所需的一部分水厂自用水量。

2）水塔和高位水池：水塔是设置在城市供水管网之中，高出地面一定高度，有支撑设施的储水构筑物。主要任务是调节二级泵站供水流量和管网实际用水量之间的差异，并补充部分用户的消防用水。高位水池是利用供水区域的地形条件，建筑在高程较高地面上的储水构筑物，和水塔具有相同的功能作用。

设置水塔或高位水池以后，管网中用户的供水水压能保持相对稳定。当水塔或高位水池向管网供水的时候，其功能也相当于一个供水水源。

设置了水塔（高位水池）的管网扩建不便，因为管网扩建以后通常要提高水厂的供水压力，有可能造成管网中已建的水塔溢水。所以一般水塔或高位水池只用于发展有限的小型管网，例如小城镇和一些工矿企业的管网系统。

城市管网中设置的调蓄泵站可以看成是一座设在地面上的水塔。泵站调蓄水池相当于水塔的容积，泵站供水压力相当于水塔水位标高。

泵站、输水管渠、管网和调节构筑物总称为输配水系统。在给水系统中，输配水系统所占的投资比例和运行费用比例最大。

（7）排泥水处理构筑物

水厂絮凝池、沉淀池排泥水含泥量较高，一般设置排泥池接收后输送到污泥浓缩池。而滤池冲洗水含泥量较低，通常设置排水池，上清液回用或排放，下部沉泥排入排泥池并输入污泥浓缩池。经浓缩池处理后，上清液回用或排放。浓缩污泥排入污泥平衡池，经调节流量再送入污泥脱水间，污泥脱水分离液可直接排放或回流到排泥池。经脱水后的泥饼外运或填埋或烧砖或做其他原料。

3. 给水系统的选择和影响因素

（1）给水系统的选择

给水系统的选择在给水工程设计中具有重要意义。系统选择的合理与否将对整个工程的造价、运行费用、供水安全性、施工难易程度和管理工作量产生重大影响。给水系统的选择内容包括水源和取水方式的选择、水厂规模和建造位置、输水路线和增压泵站的位置、管网定线和调蓄构筑物的布置等。在给水系统的布置工作中要综合考虑城市总体规划、水源条件、地形地质条件、已有供水设施情况、用水需求、环境影响、施工技术、管理水平、工程数量、建设速度、资金筹措情况等多方面的因素，一般要求进行详细的技术经济比较以后才能确定适应近期、远期发展相对合理的给水系统选择方案。

图 3-1 为最常见的以地表水为水源的给水系统布置形式。该给水系统中的取水构筑物 1 从江河取水，经一级泵站 2 送往处理构筑物 3，处理后的清水贮存在清水池 4 中。二级泵站 5 从清水池取水，经管网 6 供应用户。有时，为了调节水量和保持管网的水压，可根据需要建造水库泵站、高位水池或水塔 7。在图 3-2 中，如果取水构筑物和水处理构筑物靠在一起，从取水构筑物到二级泵站都属于水厂的范围。

给水系统的选择并不一定要包括其全部的 7 个主要组成部分，根据不同的状况可有不同的布置方式。例如以地下水为水源的给水系统中，由于水源水质良好，一般可以省去水处理构筑物而只需加消毒处理，给水系统大为简化，如图 3-2 所示。图中水塔 4 并非必需，视城市规模大小而定。

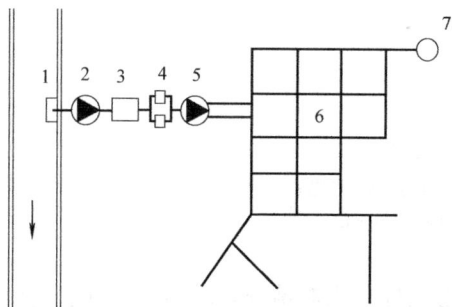

图 3-1 地表水源给水系统

1—取水构筑物；2——级泵站；3—水处理构筑物；

4—清水池；5—二级泵站；6—管网；7—调节构筑物

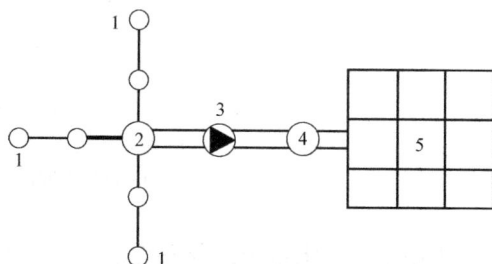

图 3-2 地下水源给水系统

1—管井群；2—集水池；3—泵站；4—水塔；

5—管网

图 3-1 和图 3-2 所示的系统为统一给水系统，即用同一系统供应生活、生产和消防等各种用水，绝大多数城市采用这种系统。

在城市给水中，工业用水量往往占较大的比例。当用水量较大的工业企业相对集中，并且有合适水源可以利用时，经技术比较和经济分析后，可独立设置工业用水给水系统，即考虑按水质要求分系统（分质）给水。分系统给水，可以是同一水源，经过不同的水处理过程和管网，将不同水质的水供给各类用户；也可以是不同的水源，例如地表水经简单

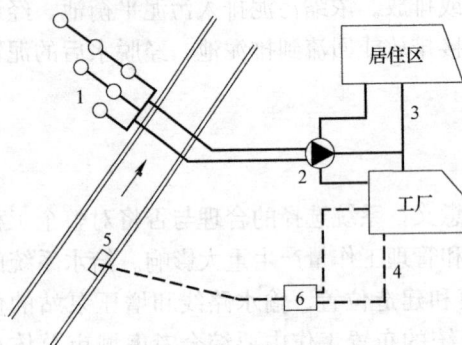

图 3-3　分质给水系统

1—管井；2—泵站；3—生活用水管网；4—生产用水管网；
5—取水构筑物；6—工业用水处理构筑物

沉淀后，供工业生产用水，如图 3-3 中虚线所示；地下水经消毒后供生活用水，如图 3-3 中实线所示。

采用多水源供水的给水系统同时考虑在发生事故时有利于相互调度；也有因地形高差大或城市给水管网比较庞大，各区相隔较远，水压要求不同而分系统（分压）给水，如图 3-4 所示的管网。由同一泵站 3 内的不同水泵分别供水到水压要求高的高压管网 4 和水压要求低的低压管网 5，有利于减少能量消耗。

当水源地与供水区域有地形高差可以利用时，应对重力输配水和压力输配水系统进行技术经济比较，择优选用；当给水系统采用区域供水，向范围较广的多个城镇供水时，应对采用原水输送或清水输送管路的布置以及调节池、增压泵站等构（建）筑物的设置，作多方案的技术经济比较后确定。

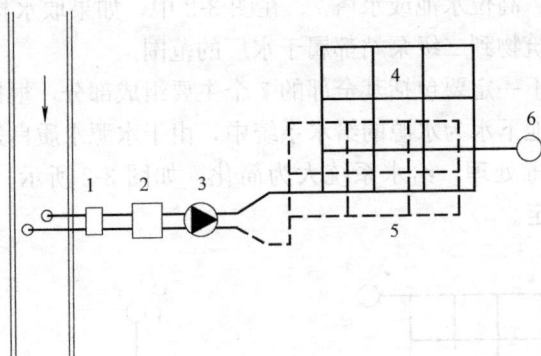

图 3-4　分压给水系统

1—取水构筑物；2—水处理构筑物；3—泵站；
4—高压管网；5—低压管网；6—水塔

采用统一给水系统或分系统给水，要根据地形条件，水源情况，城市和工业企业的规划，水量、水质和水压要求，并考虑原有给水工程设施条件，从全局出发，通过技术经济比较决定。

（2）影响给水系统选择的因素

影响给水系统选择的主要因素包括以下方面：

1）城市规划

城市规划确定了城市的发展规模、城市功能分区和城市动态发展计划，同时又确定了某些与给水系统设计密切相关的数据和标准，如规划人口数、工业生产规模、建筑标准等。城市建设规划在时间上的分期发展规划，是给水系统的选择和分期建设规划的依据。

总之，城市总体规划是给水工程规划的基础和技术比较、经济分析的依据。根据城市发展和水源水质变化制定的城市给水工程规划既要符合城市规划的基本要求，又要对城市规划进行补充和完善。

2）水源

任何城市，都会因水源种类、水源分布位置，包括水源地的取水水位标高、水源水文及其变化情况、水质条件的不同，影响到取水构筑物的施工和给水系统选择。例如，取水口的地形地质不具备取水施工要求，需要另选取水位置时，将直接影响到给水系统的布置。

当地下水比较丰富时，则可在城市上游或在给水区内开凿管井或大口井，井水经消毒后，由泵站加压送入管网，供用户使用。

如果水源处于适当的高程，能借重力输水，则可省去一级泵站或二级泵站，或同时省去一、二级泵站。城市附近山上有泉水时，建造泉室供水的给水系统可能最为简单经济。取用蓄水库水源水时，也有可能利用高程以重力输水，输水能耗费用可以节约很多。

以地表水为水源时，一般从流经城市或工业区的河流上游取水。城市附近的水源丰富时，往往随着用水量的增长而逐步发展成为多水源给水系统，从不同位置向管网供水，如图 3-5 所示。它可以从几条河流取水，或从一条河流的不同部位取水，或同时取用地表水和地下水，或取不同地层的地下水等。这种系统的特点是便于分期发展，供水比较可靠，管网内水压比较均匀。虽然随着水源的增多，设备和管理工作相应增加，

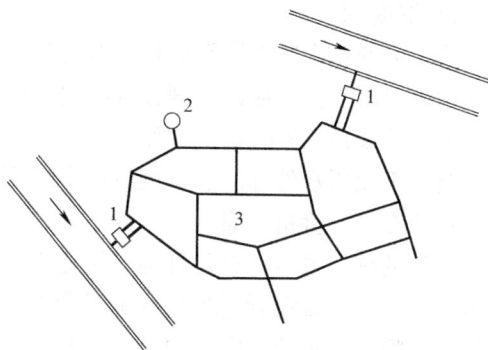

图 3-5　多水源给水系统
1—水厂；2—水塔；3—管网

但与单一水源相比，通常是经济合理的，供水的安全性大大提高。

3）地形地貌

主要指从水源到城市以及城市规划区域一带的地形、地貌和地物分布情况。结合城市规划，地形地貌主要影响输水管线路、水厂位置、调蓄构筑物和泵站的设置、配水管网的布局分区等。中小城市如地形比较平坦，而工业用水量小、对水压又无特殊要求时，可用同一给水系统；大中城市被河流分隔时，两岸工业和居民用水一般先分别供给，自成给水系统，随着城市的发展，再考虑将两岸管网相互沟通，成为多水源的给水系统；地形起伏较大或城市各区相隔较远时比较适合采用分区给水系统。当水源地与供水区域有地形高差可以利用时，应对重力输配水和加压输配水系统进行经济比较，择优选用。

取用地下水时，可能考虑到就近凿井取水的原则，而采用分地区供水的系统。这种系统投资省，便于分期建设；地形地貌还影响工程施工的难易，从而影响到系统的选择。

4）其他因素

影响给水系统布置的其他因素还包括：供电条件、占用土地和拆迁情况、水厂排水条件以及建设投资等。其中，不间断供水的泵房应设两个外部独立电源。同时充分考虑原有设施和构筑物的利用。

第二节 净水工艺

1. 混凝

（1）混凝机理

水处理中的混凝过程比较复杂，不同种类型的混凝剂以及在不同的水质条件下，混凝作用机理都有所不同。但看法比较一致的是，混凝剂对水中胶体粒子的混凝作用有三种：电性中和、吸附架桥和卷扫作用。这三种作用机理究竟以何种为主，取决于混凝剂种类和投加量、水中胶体粒子性质、含量以及水的 pH 值等。3 种作用机理有时会同时发生，有时仅其中 1～2 种机理发挥作用。

（2）混凝剂和助凝剂

1）混凝剂

为了促使水中胶体颗粒脱稳以及悬浮颗粒相互聚结，常常投加一些化学药剂，这些药剂统称为混凝剂。按照混凝剂在混凝过程中的不同作用可分为凝聚剂、絮凝剂和助凝剂。习惯上把凝聚剂、絮凝剂都称作混凝剂。

应用于饮用水处理的混凝剂应符合以下基本要求：混凝效果好；对人体无害；使用方便；货源充足，价格低廉。

混凝剂种类很多，有几百种。按化学成分可分为无机和有机两大类。按分子量大小又分为低分子无机盐混凝剂和高分子混凝剂。无机混凝剂品种很少，目前主要是铁盐和铝盐及其聚合物，在水处理中用的最多。有机混凝剂品种很多，主要是高分子物质，但在水处理中的应用比无机的少。

2）助凝剂

当单独使用混凝剂不能取得较好的混凝效果时，常常需要投加一些辅助药剂以提高混凝效果，这种药剂称为助凝剂。常用的助凝剂多是高分子物质。其作用往往是为了改善絮凝体结构，促使细小而松散的颗粒聚结成粗大密实的絮凝体。助凝剂的作用机理是高分子物质的吸附架桥作用。例如，对于低温低浊度水的处理时，采用铝盐或铁盐混凝剂形成的絮粒往往细小松散，不易沉淀。而投加少量的活化硅酸助凝剂后，絮凝体的尺寸和密度明显增大，沉速加快。一般自来水厂使用的助凝剂有：骨胶、聚丙烯酰胺及其水解聚合物、活化硅酸、海藻酸钠等。

（3）影响混凝效果主要因素

影响混凝效果的因素比较复杂，其中包括水温、水化学特性、水中杂质性质和浓度以及水力条件等。

1）水温影响

水温对混凝效果有明显的影响。我国气候寒冷地区，冬季从江河水面以下取用的原水受地面温度影响，到达水处理构筑物时，水温有时低达 0～2℃。通常絮凝体形成缓慢，絮凝颗粒细小、松散。其原因主要有以下几点：无机盐混凝剂水解是吸热反应，低温水混凝剂水解困难；低温水的黏度大，使水中杂质颗粒布朗运动强度减弱，颗粒迁移运动减弱，碰撞概率减少，不利于胶粒脱稳凝聚。同时，水的黏度大时，水流剪力增大，也会影响絮凝体的成长；水温低时，胶体颗粒水化作用增强，妨碍胶体凝聚。而且水化膜内的水由于黏度和密度增大，影响了颗粒之间粘附强度。为提高低温水的混凝效果，通常采用增加混凝剂投加量或投加高分子助凝剂等。

2）水的pH值影响

水的pH值对混凝效果的影响程度，视混凝剂品种而异。对硫酸铝而言，水的pH值直接影响铝盐的水解聚合反应，亦即是影响铝盐水解物的存在形态。用以去除浊度时最佳pH值在6.5～7.5之间，絮凝作用主要是氢氧化铝聚合物的吸附架桥和羟基配合物的电性中和作用；用以去除水的色度时，pH值宜在4.5～5.5之间。有试验数据显示，在相同除色效果下，原水pH=7.0时的硫酸铝投加量，约比pH=5.5时的投加量增加一倍。

采用三价铁盐混凝剂时，由于Fe^{3+}水解产物溶解度比Fe^{2+}水解产物溶解度小，且氢氧化铁不是典型的两性化合物，故适用的pH值范围较宽。

高分子混凝剂的混凝效果受水的pH值影响较小。例如聚合氯化铝在投入水中前聚合物形态基本确定，故对水的pH值变化适应性较强。

3）水中悬浮物浓度的影响

从混凝动力学方程可知，水中悬浮物浓度很低时，颗粒碰撞率大大减小，混凝效果差。为提高低浊度原水的混凝效果，通常采用以下措施：①在投加铝盐或铁盐的同时投加助凝剂，如活化硅酸或聚丙烯酰胺等。②投加矿物颗粒（如黏土等）以增加混凝剂水解产物的凝结中心，提高颗粒碰撞速率并增加絮凝体密度。如果矿物颗粒能吸附水中有机物，效果更好，能同时收到去除部分有机物的效果。③采用直接过滤法。即原水投加混凝剂后经过混合直接进入滤池过滤。如果原水浊度低而水温又低，即通常所称的"低温低浊"水，混凝更加困难，应同时考虑水温浊度的影响，这是人们一直关注的研究课题。

2. 沉淀、澄清和气浮

（1）沉淀

沉淀是水处理工艺中最普遍、最古老而有效的基本方法之一。当水中杂质从流体中分离出来单独依靠自然力的作用，或以重力和沉降颗粒的自然聚集时，这种过程称为普通沉淀。当通过投加化学药剂或其他物质的以诱导或促进分散的细菌悬浮物得以聚集而沉淀，这种过程称为化学沉淀。原水加混凝剂后，经过混凝反应，水中胶体杂质凝聚成较大的矾花颗粒，进一步在沉淀池、澄清池中去除。目前常用的沉淀池和澄清池有：平流式沉淀池、斜板斜管沉淀池、悬浮澄清池、脉冲澄清池、机械加速澄清池、水力循环澄清池。

（2）澄清

从生产实践中知道，原水加之混凝剂，消除了水中杂质颗粒之间的电性斥力之后，还必须使颗粒有相互碰撞机会才能进行凝聚。为此，得用悬浮状态的泥渣（矾花）层作为接触介质来增加颗粒的碰撞机会，可以提高混凝效果。另一方面，创造水流的紊动性，使颗粒加快碰撞，克服残存的电性斥力，而能达到引力作用范围内使颗粒相互结合。澄清池就是在上述基础上发展起来的，它把混合、反应、沉淀三个工艺过程有机地结合在一个净水构筑物内完成。澄清池的类型很多，根据工作原理可分成"泥渣接触过滤型澄清池"和"泥渣循环分离型澄清池"两类。

（3）气浮分离

在不同的水质处理中，常常碰到密度较小的颗粒，用沉淀的方法难以去除。如能因势利导向水中充入气泡，粘附细小微粒，则能大幅降低带气微粒的密度，使其随气泡一并上浮，从而得以去除。这种产生大量微细气泡粘附于杂质、絮粒之上，将悬浮颗粒浮出水面而去除的工艺，称为气浮分离。

气浮工艺在分离水中杂质的同时，还伴随着对水的曝气、充氧，对微污染及嗅味明显的原水，更显示出其特有的效果。向水中通入空气或减压释放水中的溶解气体，都会产生气泡。水中杂质或微絮凝体颗粒粘附微细气泡后，形成带气微粒。因为空气密度仅为水密度的 $1/775$，显然受到水的浮力较大。粘附一定量微气泡的带气微粒，上浮速度远远大于下沉速度，粘附气泡越多，上浮速度越大。

其与沉淀池、澄清池相比，具有如下特点：经混凝后的水中细小颗粒周围粘附了大量微细气泡，很容易浮出水面，所以对混凝要求可适当降低，有助于节约混凝剂投加量；排出的泥渣含固率高，便于后续污泥处理；池深较浅、构造简单、操作方便，且可间歇运行；溶气罐溶气率和释放器释气率在 95％ 以上；可去除水中 90％ 以上藻类以及细小悬浮颗粒；需要配套供气、溶气装置和气体释放器。

3. 过滤

经过沉淀池或澄清池处理后出来的水比原水清得多，其中大部分杂质颗粒和细菌病毒已被去除，但是还有一部分细小的杂质颗粒，由于沉速慢难以在较短时间内沉于沉淀池内，至于某些溶解物及细菌等更难被沉淀池或澄清池所去除。为了满足生活饮用水和某些工业用水的要求，从而必须用过滤的方法进一步除去水中残留的悬浮颗和细菌病毒，所以说过滤是净化过程中的一个重要环节。

浑水通过砂层可以变清，这是从人们生活经验中得来的，在过滤发展历史上最早用的是慢滤池，后来才发展到快滤池，虽然慢滤池的过滤水质较好，但占地面积大，产水率低，目前国内很少使用，目前给水工程中使用的快滤池有普通快滤池（简称快滤池）、虹吸滤池、无阀滤池、V 型滤池等，其过滤原理完全一样，仅仅是滤池构造形式及运行操作有所不同，在快滤池中，普通快滤池是最早使用的，目前使用仍很普遍。

4. 消毒

经过混凝沉淀、过滤以后的水，有很大一部分细菌、病原菌和其他微生物得到了去除，还有一部分在通过滤池时被拦截在砂层内，仅仅依靠混凝沉淀、过滤等处理过程，虽然水的物理外观已经很好，但其中还有许多微生物，尤其是病原菌还存在，不能满足卫生要求，为了使水质更好地满足广大人民生活需要，有利于生产的发展，保障人民身体健康，城市给水必须施行消毒，以杀灭流行病病原菌和其他存在于水中的致病性微生物。

水的消毒方法可分为物理消毒和化学消毒两大类。物理方面的有加热法、紫外线法、超声波法等。化学方面的有加氯（包括加漂白粉等）法加臭氧法加重金属离子法等。这些消毒方法各具一定特点，但因加氯法的消毒力强，货源充足而价廉，设备简单，加入水中后能保持一定的残余浓度，以防再度污染繁殖细菌，且残余浓度检测方便，所以，目前在给水处理中广泛应用加氯法消毒。

5. 深度处理

随着全世界水环境的日益恶化，人类水源地的污染，以地表水特别是微污染水为水源的净水厂运行经验表明常规"混凝＋沉淀＋过滤＋消毒"的净水处理工艺已不能完全满足饮用水水质标准，人类用水安全受到威胁，因此逐渐发展了饮用水深度处理技术。相比于传统处理而言，深度处理工艺往往在净水处理的标准处理工艺之后，旨在加强原处理工艺的功能或者清除某些微量污染物。当前，给水深度处理技术在城市水厂中得到了普遍应用，并且积累了大量经验，成为世界各国改善水质的重要技术。

第三节　输水和配水工程

1. 供水管网布置

输水和配水系统是保证输水到给水区内并且配水到所有用户的设施。对输水和配水系统的总体要求是：供给用户所需要的水量，保证配水管网有必要的水压，并保证不间断供水给水系统中，从水源输水到城市水厂的管线和从城市水厂输送到管网的管线，称之为输水管。从清水输水管输水分配到供水区域内各用户的管道为管网。供水管网是给水系统的主要组成部分。它和输水管、二级泵站及调节构筑物（水池、水塔等）具有密切的联系。

（1）布置形式

虽然给水管网有各种各样的布置形式，但其基本布置形式只有两种：枝状网（图 3-6）和环状网（图 3-7）。

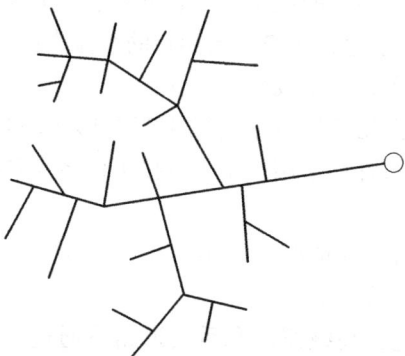

图 3-6　枝状网

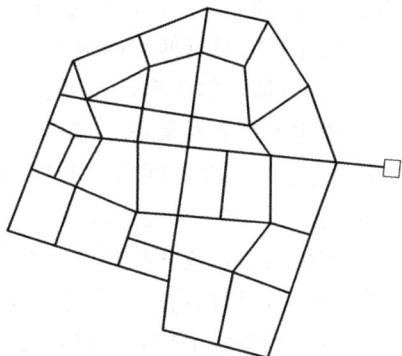

图 3-7　环状网

枝状网是干管和支管分明的管网布置形式。枝状网一般适用于小城市和小型工矿企业。枝状网的供水可靠性较差，因为管网中任一管段损坏时，在该管段以后的所有管段就会断水。另外，在枝状网的末端，因用水量已经很小，管中的水流缓慢，甚至停滞不流动，因此水质容易变坏，有出现浑水和"红水"的可能。从经济上考虑，枝状网投资较省。

环状网是管道纵横相互接通的管网布置形式。当这类管网任一段管线损坏，可以关闭附近的阀门使其与其他管线隔断，进行检修。这时，仍可以从另外的管线供应给用户用水，断水的影响范围可以缩小，从而提高了供水可靠性。另外，环状网还可以减轻因水锤作用产生的危害，而在枝状网中，则往往因此而使管线损坏。从投资考虑，环状网明显高于枝状网。

城镇配水管网宜设计成环状，当允许间断供水时，可以设计成枝状，但应考虑将来连成环状管网的可能。一般在城市建设初期可采用枝状网，以后随着供水事业的发展逐步连成环状网。实际上，现有城市的给水管网，多数是将枝状网和环状网结合起来，在城市中心地区，布置成环状网，在郊区则以枝状网的形式向四周延伸。供水可靠性要求较高的工矿企业需采用环状网，并用枝状网或双管输水到个别较远的车间。

（2）布置要求

1）按照城市规划平面布置管网，充分考虑给水系统分期建设的可能，并留有发展余地；

2）管网布置必须保证供水安全可靠，当局部管网发生事故时，断水影响范围应减少到最小；

3）管线应遍布在整个给水区内，保证用户有足够的水量和水压；

4）力求以最短的距离敷设管线，以降低管网造价和供水运行费用。

（3）管网定线与布置

城市给水管网定线是指在地形平面图上确定管线的走向和位置。定线时一般只限于干管以及干管之间的连接管，不包括从干管到用户的分配管和接到用户的进水管。干管管径较大，用以输水到各地区。分配管是从干管取水供给用户和消火栓，管径较小，常由城市消防流量决定所需最小的管径。

城市给水管网布置取决于城市的平面布置，供水区的地形，水源和调节水池的位置，街区和用户（特别是大用户）的分布，河流、铁路、桥梁的位置等，着重考虑以下因素：

1）干管布置时其延伸方向应和二级泵站输水到水池、水塔、大用户的水流方向一致，沿水流方向，以最短的距离，在用水量较大的街区布置一条或数条干管；

2）从供水的可靠性考虑，城镇给水管网宜布置几条接近平行的干管并形成环状网，但从经济上考虑，当允许间断供水时，给水管网的布置可采用一条干管接出许多支管，形成枝状网，同时考虑将来连成环状网的可能；

3）给水管网布置成环状网时，干管间距可根据街区情况，采用500~800m，干管之间的连接管间距，根据街区情况考虑在800~1000m左右；

4）干管一般按城市规划道路布置，但尽量避免在高级路面和重要道路下通过，以减少今后维修开挖工程量；

5）城镇生活饮用水管，严禁与非生活饮用水管网连接，城镇生活饮用水管网，严禁与自备水源供水系统直接连接；

6）生活饮用水管道应尽量避免穿过毒物污染及腐蚀性的地区，如必须穿过时应采取防护措施；

7）城镇给水管道的平面布置和埋深，应符合城镇的管道综合设计要求；工业企业给水管道的平面布置和竖向标高设计，应符合厂区的管道综合设计要求，工业企业内的管网布置有其具体特点。根据企业内的生产用水和生活用水对水质和水压的要求，两者可以合用一个管网，也可分建成两个管网。消防用水管网可根据消防水压和水量要求单独设立，也可由生活或生产给水管网供给消防用水。应根据工业企业的特点，确定管网布置形式。在正常条件下，生活用水和消防用水合并的管网，应布置成环状。工业生产用水则按照生产工艺对供水可靠性的要求，可以采用枝状管网、环状管网或两者相结合的管网。

2. 水管材料

水管可分为金属管（铸铁管和钢管）和非金属管（预应力钢筋混凝土管、玻璃钢管、塑料管等）。不同材料的水管，性能各异，适用条件也不尽相同。

水管材料的选择应根据管径、内压、外部荷载和管道敷设区的地形、地质、管材的供应，按照运行安全、耐久、减少漏损、施工和维护方便、经济合理以及清水管道防止二次污染的原则，进行技术、经济、安全等综合分析确定。

（1）铸铁管

铸铁管按材质可分为灰铸铁管（也称连续铸铁管）和球墨铸铁管。

灰铸铁管虽有较强的耐腐蚀性，但由于连续铸管工艺的缺陷，质地较脆，抗冲击和抗震能力差，重量较大，并且经常发生接口漏水，水管断裂和爆管事故等。但是，其可以用在直径较小的管道上，同时采用柔性接口，必要时可选用较大一级的壁厚，以保证安全供水。

与灰铸铁管相比，球墨铸铁管不仅具有灰铸铁管的许多优点，而且机械性能有很大提高，其强度是灰铸铁管的多倍，抗腐蚀性能远高于钢管。除此之外，球墨铸铁管重量较轻，很少发生爆管、渗水和漏水现象。球墨铸铁管采用推入式楔形胶圈柔性接口，也可用法兰接口，施工安装方便，接口的水密性好，有适应地基变形的能力，抗震效果也好，因此是一种理想的管材。

（2）钢管

钢管分无缝钢管和焊接钢管两种。钢管的特点是能耐高压、耐振动、重量较轻、单管的长度大和接口方便，但耐腐蚀性差，管壁内外都需有防腐措施，并且造价较高。在给水管网中，通常只在大管径和水压高处，以及因地质、地形条件限制或穿越铁路、河谷和地震区使用。

（3）预应力和自应力钢筋混凝土管

预应力钢筋混凝土管分普通和加钢套筒两种。预应力钢套筒混凝土管是在预应力钢筋混凝土管内放入钢筒，其用钢量比钢管省，价格比钢管便宜。其接口为承插式，承口环和插口环均用扁钢压制成型，与钢筒焊成一体。

预应力钢筋混凝土管的特点是造价低，管壁光滑，水力条件好，耐腐蚀，但重量大，不便于运输和安装。预应力钢筋混凝土管在设置阀门、弯管、排气、放水等装置处，须采用钢管配件。

自应力混凝土管采用离心工艺制造，利用混凝土在固化阶段产生的膨胀作用张拉环向和纵向钢丝，使管体混凝土在环向和纵向处于受压状态，称为自应力混凝土管。该管道仅适用于管径小于 $DN300$、管内压力小于 0.8MPa、覆土小于 2.0m 的给水管道工程。钢筋混凝土管现已经逐步在淘汰使用。

（4）玻璃钢管

玻璃钢管是一种新型管材，能长期保持较高的输水能力，还具有耐腐蚀、不结垢、强度高、粗糙系数小、重量轻，是钢管的 1/4 左右，预应力钢筋混凝土管的 1/5～1/10，运输施工方便等特点。但其价格较高，几乎跟钢管接近，可在强腐蚀性土壤处采用。为降低价格，提高管道的刚度，国内一些厂家生产出一种夹砂玻璃钢管。

（5）塑料管

塑料管种类很多，近年来发展很快，目前生产中应用较多的有 UPVC、ABS、PE、PP 管材等。尤其是 UPVC（硬聚氯乙烯）管，以其优良的力学性能、阻燃性能、低廉的价格，受到欢迎，应用广泛。UPVC 管工作压力宜低于 20MPa，用户进水管的常用管径

$DN25$ 和 $DN50$，小区内为 $DN100\sim DN200$，管径一般不大于 $DN400$。

塑料管具有内壁光滑不结垢、水头损失小、耐腐蚀、重量轻、加工和接口方便等优点。但管材的强度较低，用于长距离管道时，需要考虑防止碰撞、暴晒等老化措施。

3. 管网附件

（1）阀门

阀门在输水管道和给水管网中起分段和分区的隔离检修作用，并可用来调节管线中的流量或水压。

在给水系统中主要使用的阀门有三种：闸阀、蝶阀和球阀。

凡是阀门的闸板启闭方向和闸板的平面方向平行时，这种阀门称为闸阀（闸门）。它是管网中最广泛使用的一种阀门。闸阀门内的闸板有楔式和平行式两种，根据阀门使用时阀杆是否上下移动，可分为明杆和暗杆，一般选用法兰连接方式。

蝶阀是其阀瓣利用偏心或同心轴旋转的方式达到启闭的作用。蝶阀的外形尺寸小于闸阀，结构简单，开启方便，旋转 $90°$ 就可以完全开启或关闭。蝶阀可用在中、低压管线上，例如水处理构筑物和泵站内。

球阀是在球形阀体内，连在阀杆上的是一个开设孔道的球体芯，靠旋转球体芯达到开启或关闭阀门的目的。球阀优点是结构较闸阀简单、体积小、水阻力小、密封严密。缺点是受密封结构及材料的限制，制造及维修的难度大。在给水系统中，球阀适用于小口径的有毒有害液体、气体输送管道中。

输水管道的起点、终点、分叉处以及穿越河道、铁路公路段，应根据工程具体情况和有关部门的规定设置阀（闸）门。同时按照事故检修需要设置阀门。

（2）止回阀

又称逆止阀、单向阀。止回阀是限制压力管道中的水流只能朝一个方向流动的阀门。止回阀的类型除旋启式外，还有微阻缓闭止回阀和液压式缓冲止回阀，这两种止回阀还有防止水锤的作用。止回阀一般安装在水压大于 $196\mathrm{kPa}$ 的水泵站出水管上，防止因突然断电或其他事故时水流倒流而损坏水泵设备等。

（3）排气阀和泄水阀

排气阀安装在管线的隆起部位，为了排出管线投产时或检修后通水时管线内的空气。平时用以排除从水中释出的气体，以免空气积在管中，减小过水断面，增大水头损失。长距离输水管线，一般随地形起伏敷设，在高处隆起点设排气阀。管道平缓段，根据管道安全运行的要求，一般间隔 $100\mathrm{m}$ 左右设一处通气措施。

排气阀还有在管路出现负压时向管中进气的功能，从而起到减轻水锤对管路的危害。

在管线的最低点须安装泄水阀，用以排除管中的沉淀物以及检修时放空水管内的存水。泄水阀与排水管连接，其管径由所需放空时间决定。放空时间可按一定工作水头下孔口出流公式计算。

（4）消火栓

消火栓分地上式和地下式，地上式消火栓一般布置在交叉路口消防车可以驶近的地方。地下式消火栓安装在阀门井内。室外管网内的消火栓间距不应超过 $120\mathrm{m}$，接管直径不小于 $100\mathrm{mm}$，配水管网上两个阀门之间的独立管段内消火栓的数量不宜超过 5 个。

4. 管网附属构筑物

（1）阀门井

管网中的附件（阀门、排气阀、地下式消火栓和设在地下管道上的流量计等）一般应安装在阀门井内。阀门井多用砖砌，也可用石砌或钢筋混凝土建造。阀门井的平面尺寸，取决于水管直径以及附件的种类和数量。但应满足阀门操作和安装拆卸各种附件所需要的最小尺寸。阀门井的深度由水管埋设深度确定。

（2）支墩和基础

当管内水流通过承插式接口的弯管、三通、水管尽端的盖板上以及缩管处，都会产生拉力，接口可能因此松动脱节而使管道漏水，因此在这些部位需要设置支墩，以防止接口松动脱节等事故产生。当管径小于300mm或转弯角度小于10°，且水压不超过980kPa时，因接口本身足以承受拉力，可不设支墩。

（3）管线穿越障碍物

给水管道通过铁路、公路和河谷时，必须采取一定的措施。

1）管线穿越铁路时，其穿越地点、方式和施工方法，应遵循有关铁道部门穿越铁路的技术规范。根据铁路的重要性，采取如下措施：

当穿越车站咽喉区间、站场范围内的正线、发线时，应设套管；穿越其他股道可不设套管，防护套管管顶或输水管管顶至轨底的深度不得小于1.0m，至路基面高度不应小于0.70m。两端应设检查井，井内应设阀门或排水管等。

如果采用输水管架空穿越铁路管线，则管架底应高出路轨面6.0m以上。

2）管线穿越河川山谷时，可利用现有桥梁架设水管，或敷设倒虹管，或建造水管桥，应根据河道特性、通航情况、河岸地质地形条件、过河管材料和直径、施工条件选用。

3）给水管架设在现有桥梁下穿越河流最为经济，施工和检修比较方便，通常水管架在桥梁的人行道下。穿越河底的输水管应避开锚地，管内流速应大于不淤流速。管道埋设深度应在其相应防洪标准的洪水冲刷深度以下，且至少应大于1.0m。

管道埋设在通航河道时，应符合航运部门的技术规定，并在河岸设立标志，管道埋设深度应在航道底设计高程2.0m以下。

5. 给水管道敷设和防腐

（1）管道敷设

给水管多数埋在道路下。水管管顶以上的覆土深度，在不冰冻地区由外部荷载、水管强度以及与其他管线交叉情况等决定，金属管道的管顶覆土深度通常不小0.7m。非金属管的管顶覆土深度应大于1~1.2m，覆土必须夯实，以免受到动荷载的作用而影响水管强度。冰冻地区的覆土深度应考虑土壤的冰冻线深度。

在土壤耐压力较高和地下水位较低处，水管可直接埋在管沟中未扰动的天然地基上。一般情况下，铸铁管、钢管、承插式钢筋混凝土管可以不设基础。在岩石或半岩石地基处，管底应垫砂铺平夯实，砂垫层厚度，金属管和塑料管至少为100mm，非金属管道不小于150~200m。在土壤松软的地基处，管底应有一定强度的混凝土基础。如遇流砂或通过沼泽地带，承载能力达不到设计要求时，需进行基础处理，根据一些地区的施工经验，可采用各种桩基础。

露天管道应有调节管道伸缩设施，并设置管道整体稳定措施和防冻保温措施。

(2) 管道防腐

腐蚀是金属管道的变质现象，其表现方式有生锈、坑蚀、结瘤、开裂或脆化等。给水管道内壁的腐蚀、结垢使管道的输水能力下降，对饮用水系统来说还会出现水质下降的现象，对人的健康造成威胁。按照腐蚀分类，可分为没有电流产生的化学腐蚀，以及形成原电池而产生电流的电化学腐蚀（氧化还原反应）。给水管网在水中和土壤中的腐蚀，以及杂散电流引起的腐蚀，都是电化学腐蚀。

一般情况下，水中含氧量越高，腐蚀越严重，但对钢管来说，此时可能会在内壁产生氧化膜，从而减轻腐蚀。水的 pH 值明显影响金属管道的腐蚀速度，pH 值越低腐蚀越快，中等 pH 值时不影响腐蚀速度，高 pH 值时因金属管道表面形成保护膜，腐蚀速度减慢。水的含盐量越高则腐蚀速度越快，海水对金属管道的腐蚀远大于淡水。水流速度越大，腐蚀越快。

防止给水管道腐蚀的方法包括如下：

1) 采用非金属管材，如预应力或自应力钢筋混凝土管、玻璃钢管、塑料管等；

2) 金属管内外表面上涂油漆、沥青等，以防止金属和水接触而产生腐蚀。例如可将明设钢管表面打磨干净后，先刷 1～2 遍红丹漆，干后再刷两遍热沥青或防锈漆；埋地钢管可根据周围土壤的腐蚀性，分别选用各种厚度的防腐层；

涂料需要满足以下要求：①不溶解于水，不得使自来水产生嗅、味，并且无毒；②涂料前，内外壁应清洁无锈；③管体预热后浸入涂液，涂层厚薄均匀，内外壁光滑，粘附牢固，并不因气温变化而发生异常。

3) 小口径钢管可采用钢管内外热浸镀锌法进行防腐；

4) 为了防止给水管道（铸铁管或者钢管）内壁锈蚀与结垢，可在管内涂衬防腐涂料（又称内衬、搪管），内衬的材料一般为水泥砂浆，也有用聚合物水泥砂浆；

5) 阴极保护。阴极保护是保护水管的外壁免受土壤腐蚀的方法。根据腐蚀电池的原理，两个电极中只有阳极金属发生腐蚀，所以阴极保护的原理就是使金属管成为阴极，以防止腐蚀。

阴极保护有两种方法。一种是使用消耗性的阳极材料，如铝、镁、锌等，隔一定距离用导线连接到管线（阴极）上，在土壤中形成电路，结果是阳极腐蚀，管线得到保护。这种方法常在缺少电源、土壤电阻率低和水管保护涂层良好的情况下使用。另一种是通入直流电的阴极保护法，将废铁埋在管线附近，与直流电源的阳极连接，电源的阴极接到管线上，因此可防止腐蚀，在土壤电阻率高（约 2500Ω·cm）或金属管外露时使用较宜。

第四节　建筑内部给水系统

建筑内部给水系统是将城镇给水管网或自备水源给水管网的水引入室内，选用适用、经济、合理的最佳供水方式，经配水管送至室内各种卫生器具、用水生产装置和消防设备，并满足用水点对水量、水压和水质要求的冷水供应系统。

1. 室内给水系统的分类

按照用户对水质、水压、水量、水温的要求，并结合外部给水系统情况进行划分，有三种基本给水系统：生活给水系统、生产给水系统、消防给水。

（1）生活给水系统

供人们在日常生活中饮用、烹饪、盥洗、沐浴、洗涤衣物、冲厕、清洗地面和其他生活用途的用水。近年随着人们对饮用水品质要求的不断提高，在某些城市、地区或高档住宅小区、综合楼等实施分质供水，管道直饮水给水系统已进入生活给水系统按供水水质又可分为生活饮用水系统、直饮水系统和杂用水系统。生活饮用水系统包括盥洗、沐浴等用水，直饮水系统包括纯净水、矿泉水等用水，杂用水系统包括冲厨、浇灌花草等用水。生活给水系统的水质必须严格符合现行国家标准《生活饮用水卫生标准》GB 5749—2006 要求，并应具有防止水质污染的措施。

（2）生产给水系统

供生产过程中产品工艺用水、清洗用水、冷饮用水、生产空调用水、稀释用水、除尘用水、锅炉用水等用途的用水。由于工艺过程和生产设备的不同，生产给水系统种类繁多，对各类生产用水的水质要求有较大的差异，有的低于生活饮用水标准，有的远远高于生活饮用水标准。

（3）消防给水系统

消防灭火设施用水，主要包括消火栓、消防卷盘和自动喷水灭火系统等设施的用水。消防用水用于灭火和控火，即扑灭灾和控制火势蔓延。消防用水对水质要求不高，但必须按照建筑设计防火规范要求保证供给足够的水量和水压。

消防给水系统分为消火栓给水系统、自动喷水灭火系统、水幕系统、水喷雾灭火系统等。消防系统的选择，应根据生活、生产、消防等各项用水对水质、水量和水压的要求，经技术经济比较或采用综合评判法确定。

（4）组合给水系统

上述三种基本给水系统可根据具体情况及建筑物的用途和性质、设计规范等要求，设置独立的某种系统或组合系统。如生活-生产给水系统、生活-消防给水系统、生产-消防给水系统、生活-生产-消防给水系统等。

上述各种给水系统在同一建筑物中不一定全部具有，应根据系统的选择，生活、生产、消防等各项用水对水质、水量、水压、水温的要求，结合室外给水系统的实际情况，经技术经济比较或采用综合评判法确定。综合评判法是结合工程所涉及的各项因素（如技术、经济、社会、环境等因素），综合考虑的评判方法，对所列的各项因素根据其优缺点进行定性分析，其评判结果易受人为因素影响，带主观随意性。为使各项因素都能用统一标准来衡量，目前均采用模糊变换作为工具，用定量分析进行综合评判，其结果更为正确、合理。近年来模糊综合评判法在各个领域多因素的评判方面已被广泛应用。

2. 室内给水系统的组成

建筑内部生活给水系统，一般由引入管、给水管道、给水附件、给水设备、配水设施和计量仪表等组成，如图 3-8 所示。

（1）引入管

单体建筑引入管是指从室外给水管网的接管点至建筑内的管段。引入管段上一般设有水表、阀门等附件。直接从城镇给水管网接入建筑物的引入管上应设置止回阀或者倒流防止器。

（2）水表节点

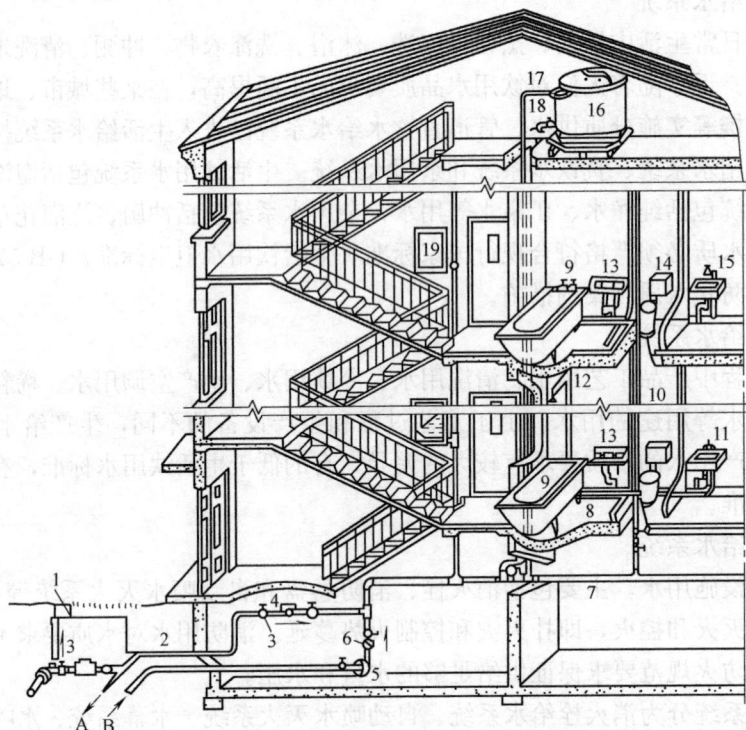

图 3-8　建筑内部给水管道系统示意

1—阀门井；2—引入管；3—闸阀；4—水表；5—水泵；6—止回阀；7—干管；8—支管；9—浴盆；
10—立管；11—水嘴；12—淋浴器；13—洗脸盆；14—大便器；15—洗涤盆；16—水箱；
17—水箱进水管；18—水箱出水管；19—消火栓；A—入贮水池；B—贮水池

水表节点是安装在引入管上的水表及其前后设置的阀门和泄水装置的总称。水表前后的阀门用以水表检修、拆换时关闭管路，泄水口主要用于系统检修时放空管网的余水，也可用来检测水表精度和测定管道水压值。

（3）给水管道

给水管道包括水平干管、立管、支管和分支管。

居住建筑入户管给水压力不应大于 0.35MPa，否则应有减压措施。

（4）给水控制附件

即管道系统中调节水量、水压、控制水流方向，以及关断水流，便于管道、仪表和设备检修的各类阀门和设备。

（5）配水设施

也叫做用水设施。生活给水系统配水设施主要指卫生器具的给水配件或配水龙头。

（6）增压和贮水设备

主要包括升压设备和贮水设备。比如水泵、气压罐、水箱、贮水池和吸水井等。

（7）计量仪表

用于计量水量、压力、温度和水位等的专用仪表。

3. 室内给水方式

室内给水方式是指建筑内部给水系统的供水方案。它是根据建筑物的性质、高度、配水点的布置情况以及室内所需水压、室外管网水压和配水量等因素，通过综合评判法决定给水系统的布置形式。给水方式主要有以下几种基本形式。

（1）直接给水方式

由室外给水管网直接供水，利用室外管网压力供水，为最简单、经济的给水方式，一般单层和层数少的多层建筑采用这种供水方式，如图3-9所示。适用于室外给水管网的水量、水压在一天内均能满足用水要求的建筑。

该给水方式特点是可充分利用室外管网水压，节约能源，且供水系统简单，投资省，充分利用室外管网的水压，节约能耗，减少水质受污染的可能性。但室外管网一旦停水，室内立即断水，供水可靠性差。

（2）设水箱的给水方式

设水箱的给水方式宜在室外给水管网供水压力周期性不足时采用。如图3-10（a）所示，低峰用水时，可利用室外给水管网水压直接供水并向水箱进水，水箱贮备水量。高峰用水时，室外管网水压不足，则由水箱向建筑给水系统供水。当室外给水管网水压偏高或不稳定时，为保证建筑内给水系统的良好工况或满足稳压供水的要求，可采用设水箱的给水方式。这种供水方式适用于多层建筑，下面几层与室外给水管网直接连接，利用室外管网水压供水，上面几层则靠屋顶水箱调节水量和水压，由水箱供水。

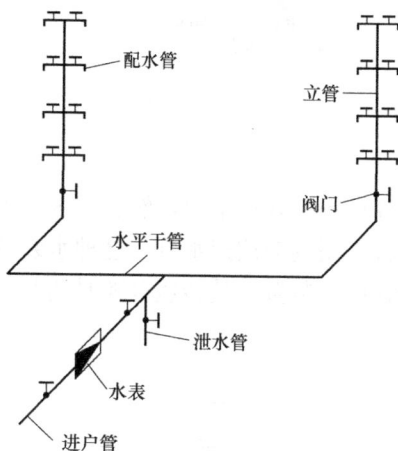

图3-9 直接给水方式

如图3-10（b）所示，室外管网直接将水输入水箱，由水箱向建筑内给水系统供水。这种给水方式的特点是水箱贮备一定量的水，在室外管网压力不足时不中断室内用水，供水较可靠，且充分利用室外管网水压，节省能源，安装和维护简单，投资较省。但需设置高位水箱，增加了结构荷载，给建筑的立面及结构处理带来一定的难度，若管理不当，水箱的水质易受到污染。

（3）设水泵的给水方式

设水泵的给水方式宜在室外给水管网的水压经常不足时采用。当建筑内用水量大且较均匀时，可用恒速水泵供水；当建筑内用水不均匀时，宜采用一台或多台水泵变速运行供水，以提高水泵的工作效率。为充分利用室外管网压力，节省电能，采用水泵直接从室外给水管网抽水的叠压供水时，应设旁通管，如图3-11（a）所示。当室外管网的压力足够大时，可自动开启旁通管的止回阀直接向建筑内供水。因水泵直接从室外管网抽水，会使接口不严密时，其周围土壤中的渗漏水会吸入管网，污染水质。当采用水泵直接从室外管网抽水时，必须征得供水企业的同意，并在管道连接处采取必要的防护措施，以免水质污染。为避免上述问题，可在系统中增设贮水池，采用水泵与室外管网间接连接的方式，如图3-11（b）所示。

这种给水方式避免了上述水泵直接从室外管网抽水的缺点，城市管网的水经自动启闭

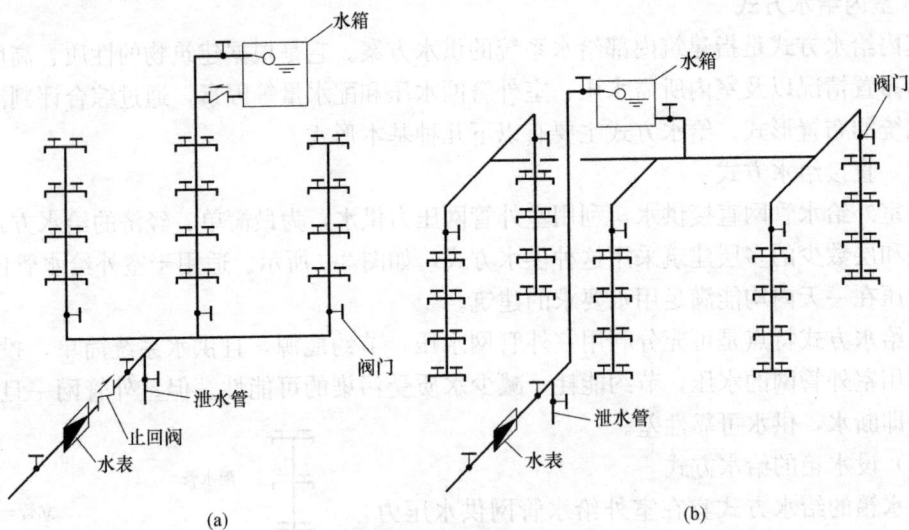

图 3-10　设水箱的给水方式

的浮球阀冲入贮水池，然后经水泵加压后再送往室内管网。在无水箱的供水系统中，目前大都采用变频调速水泵，这种水泵的构造与恒速水泵一样也是离心式水泵，不同的是配用变速配电装置，其转速可随时调节。

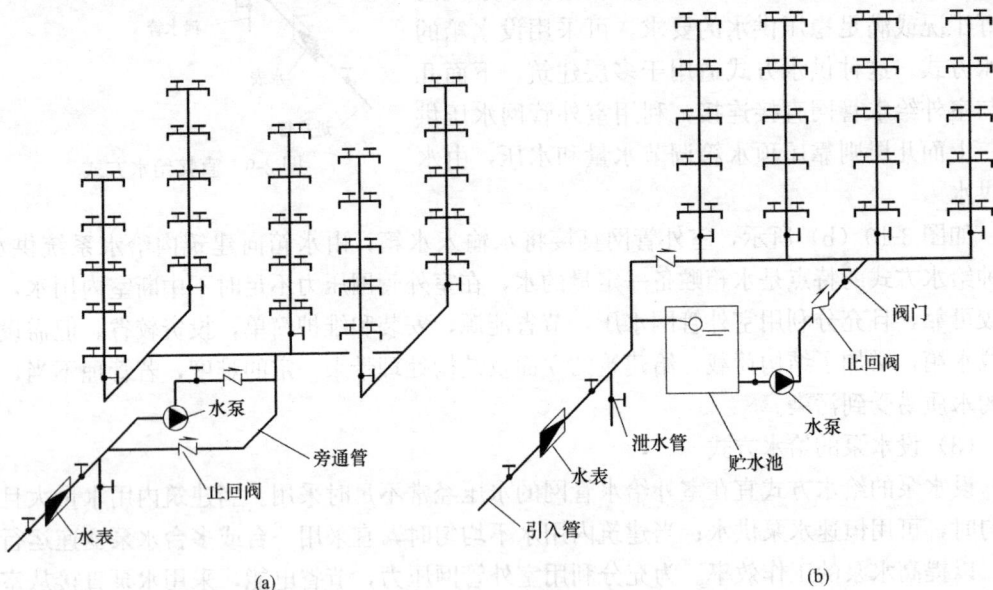

图 3-11　设水泵的给水方式

　　控制变频调速水泵的运行需要一套自动控制装置，在高层建筑供水系统中，常采取水泵出水管道处压力恒定的方式来控制变频调速水泵。这种方式一般适用于生产车间、住宅楼或者居住小区集中加压供水系统、水泵开停采用自动控制或者采用变速电机带动水泵的建筑物内。

　　（4）设水泵、水箱的给水方式

设水泵和水箱的给水方式宜在室外给水管网压力低于或者经常不满足建筑内给水管网所需的水压，且室内用水不均匀时采用。如图3-12所示，该给水方式的优点为水泵能及时向水箱供水，可减少水箱的溶剂，又因有水箱的调节作用，水泵出水量稳定，能保持在高效区运行。

这种给水方式充分利用水泵将水池中的水提升至高位水箱，采用高位水箱贮存来调节水量并向用户供水。水箱内设继电器来控制水泵的开停。通常为利用市政管网压力，下部几层往往采用由室外管网直接供水的方式。这种给水方式由于水池、水箱储存有一定的水量，停水停电时可延时供水，供水可靠，供水压力稳定，但有水泵振动以及噪声的干扰。普遍适用于多次或者高层建筑。

（5）气压给水方式

气压给水方式即在给水系统中设置有气压给水设备，利用该设备的气压水罐内气体的可压缩性，升压供水。气压水箱的作用相当于高位水箱，但其位置可根据实际需要设置在高处或者低处。该给水方式宜在室外给水管网压力低于或经常不能满足建筑内给水管网所需水压，室内用水不均匀，且不宜设置高位水箱的情况下使用，如图3-13所示。

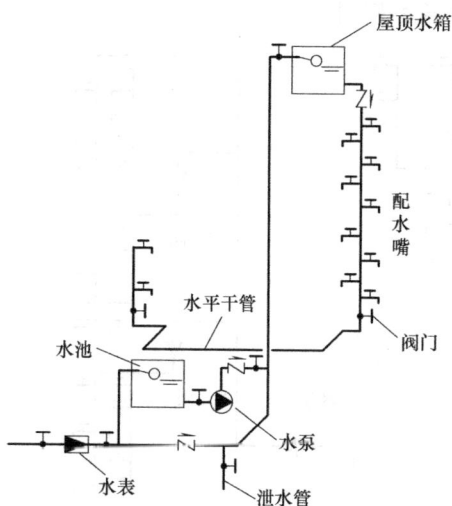

图 3-12　设水泵、水箱的给水方式

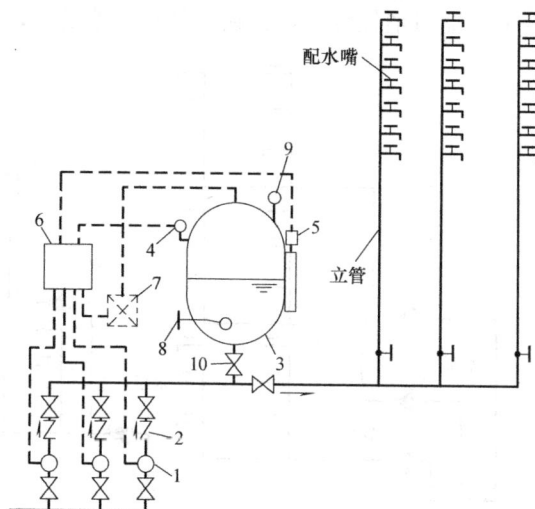

图 3-13　气压给水方式

1—水泵；2—止回阀；3—气压水罐；4—压力信号器；5—液位信号器；6—控制器；7—补气装置；8—排气阀；9—安全阀；10—出水阀

（6）分区给水方式

当室外给水管网的压力只能满足建筑下几层供水要求时，可采用分区给水方式。如图3-14所示，室外给水管网水压线以下楼层为低区由室外管网直接供水，以上楼层为高区由升压贮水设备供水。同时可将一根或者几根立管相连，在分区处设阀门，以备低区进水管发生故障或外网压力不足时，打开阀门由高区水箱向低区供水。

在高层建筑中常见的分区给水方式有水泵并联分区给水方式、水泵串联分区给水方式和减压阀分区给水方式。

1）水泵并联分区给水方式

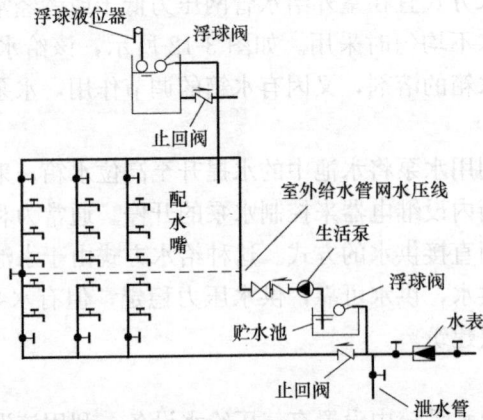

图 3-14　分区给水方式

各给水分区分别设置水泵或调速水泵，各分区水泵采用并联方式供水，如图 3-15（a）所示。其优点是供水可靠、设备布置较为集中，并便于维护和管理，同时也节省水箱的占用空间，能量消耗较少，其缺点是水泵数量多，扬程各不相同。

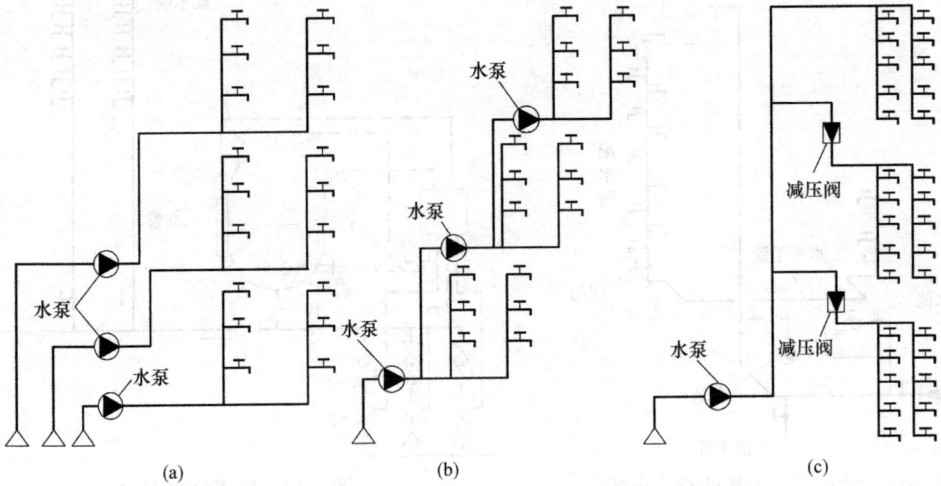

图 3-15　水泵分区给水方式

(a) 水泵并联分区；(b) 水泵串联分区；(c) 减压阀分区

2）水泵串联分区给水方式

各分区均设置水泵或调速水泵，各分区水泵采用串联方式供水，如图 3-15（b）所示。其优点是供水可靠，不占用水箱使用空间，能量消耗较少，缺点是水泵数量多，设备布置不集中，维护和管理不便。在使用过程中，水泵启动顺序是自下而上，各区水泵的能力应匹配。

3）水泵供水减压阀减压分区给水方式

不设高位水箱减压阀减压分区给水方式如图 3-15（c）所示。其优点是供水可靠，设备管材使用较少、投资省、设备布置集中，节省水箱占用空间，缺点是下区水压损失大，能量消耗多。

高层居住建筑，要求入户管给水压力不应大于 0.35MPa，当静水压力大于 0.35MPa 时，宜设减压或者调压措施。在分区中要避免过大的水压，同时还应保证分区给水系统中最不利配水点的出水要求，一般不宜小于 0.1MPa。

（7）分质给水方式

分质给水方式即根据不同用途所需的不同水质，分别设置独立的给水系统，如图 3-16 所示，饮用水系统供饮用、烹饪、洗漱等生活用水，水质应符合《生活饮用水卫生标准》GB 5749—2006 的规定。杂用水给水系统，水质较差，仅符合《城市污水再生利用　城市杂用水水质》GB/T 18920—2002 的规定，只能用于建筑内冲洗便器、绿化、洗车、扫除等用水。近年来为确保水质，有些国家还采用了饮用水与洗漱、淋浴等生活用水分设两个独立管网的分质给水方式。

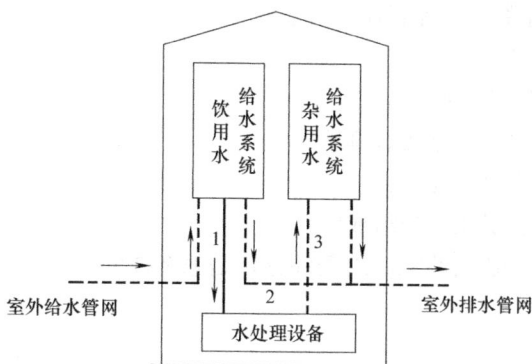

图 3-16　分质给水方式
1—生活废水；2—生活污水；3—杂用水

给水方式的选择应尽量利用外部给水管网的水压直接供水，在外部管网水压和流量不能满足整个建筑物用水要求时，则建筑物下几层应利用外网水压直接供水，上层可设置加压和流量调节装置供水。

4. 室内给水管道的布置与敷设

室内给水管道的布置和敷设受建筑结构、用水要求、配水点和室外给水管道的位置以及供暖、通风、空调和供电等其他建筑设备工程管线布置等因素的影响。基本要求是保证供水安全可靠、力求经济合理，布置管道时其周围要留有一定的空间以便于安装以及后期的维护和管理。

室内给水管道与各种管道之间的净距应满足安装操作的需要，建筑物内埋地敷设的生活给水管道与排水管道之间的最小净距，平行埋设时不宜小于 0.5m，交叉埋设时不应小于 0.15m，且给水管道应在排水管上方，需进人检修的管道井，其工作通道净宽度不宜小于 0.6m，管径应每层设外开检修门。

室内给水管道宜布置成枝状管网，单向供水。埋地敷设的给水管应避免布置在可能受重物压坏处。管道不得穿越生产设备基础，在特殊情况下必须穿越时，应采取有效的保护措施。给水管道不得敷设在烟道、风道、电梯井内、排水沟内。给水管道不得穿越伸缩缝、沉降缝和变形缝等，若必须穿越时，应设置补偿管道伸缩和剪切变形的装置。

思 考 题

1. 给水系统的分类形式有哪几种？具体如何分类？
2. 给水系统的主要功能有哪些？
3. 给水系统由哪几部分组成？
4. 影响给水系统选择的影响因素有哪些？
5. 影响混凝效果的主要因素有哪些？
6. 给水管网的布置形式有几种？各有什么特点？
7. 给水管网的布置要求有哪些？
8. 管网的定线和布置应着重考虑哪些方面？
9. 常用水管材料有哪些？各有什么特点？
10. 管网附件有哪些？
11. 管网附属构筑物有哪些？
12. 防止给水管道腐蚀的方法有哪些？
13. 室内给水系统分为哪几类？
14. 室内给水系统由哪几部分组成？
15. 室内给水方式有哪几种？使用条件分别是怎么样的？

第四章

计算机基础知识

第一节 热线服务系统

1. 概述

作为企业统一的供水服务平台，24 小时热线承载着企业与用户联系的桥梁和纽带作用，其服务水平很大程度上体现了供水企业的服务水平。优秀的 24 小时服务热线能够及时应答用户的来电，充分理解用户诉求，最大程度缓解因沟通理解问题产生的企业与客户的矛盾，并在第一时间回复用户的咨询，或将其他具体问题分类分发到职能部门，等待处理反馈。

一个完善的热线服务系统将可观地减少话务人员的工作量，极大地提高信息接报处理效率，实现"一号通"，多台分机同步处理。同时，系统将储存用户的所有来电录音，有效地帮助企业处理相关纠纷，并且提供专业细致的数据分析，最大化地发挥 24 小时服务热线的价值和作用。

从各方面分析，热线服务系统的使用主要有以下积极意义。

1）对广大用户的意义

能够通过电话、短信、电子邮件、传真、网站等渠道全方位与供水企业进行信息交流和互动。通过 24 小时热线，第一时间将自己的需求反映到供水企业，查询问题受理情况，享受优质高效的服务。

2）对热线座席人员的意义

为热线座席人员提供方便、专业的座席系统，提供专业的服务数据录入、服务跟踪和查询的平台，扩展服务人员的知识面和业务面。

比如，扩展其他业务系统（营业收费系统、用户报装系统等），提供常用知识查询（常用电话本、业务知识、水质指标、消毒排污数据等），提供各类公告（停水公告、通知公告等）。

3）对热线管理者的意义

能及时掌握 24 小时服务热线的运营情况，了解每一个座席人员的工作情况，了解用户反映最集中的问题，同时了解相关营业所和职能部门的工作动态。

4）对相关营业所和职能部门的意义

能及时了解、处理用户反映的问题并将处理结果反馈到热线。同时，也能将本部门发生的与用户直接相关的事件反映到热线，方便话务人员答复用户。

5）对企业领导者的意义

能提高企业全体员工的对外服务理念，优化内部服务链，及时了解用户反映最集中的问题，了解企业在用户服务方面的状况，并通过服务质量的提升来提高用户满意度，树立企业品牌形象。

2. 系统设计

（1）总体框架

热线服务系统大致可分为以下 6 个子系统。

1）软硬件平台：电话接线平台、语音卡等支持整个热线系统的软硬件设备。

2）基本自动语音应答系统：针对用户日常简单常用的查询内容，设置自动语音应答系统，根据用户需求，可转接以下选项，比如，转人工、水费查询、水价查询、政策法规、水质查询、水压查询、停水公告、紧急公报、报漏报修留言等。

3）座席系统：一般可分为联机座席、远程座席。联机座席指热线服务系统的座席系统，具备电话的接听等话务功能。远程座席一般指其他营业所和相关职能部门人员及相关领导进行业务处理时使用的座席程序，不具备话务功能。

4）座席扩展应用：座席扩展应用严格意义上来说不算子系统，而是其他业务类相关系统热线服务系统日常工作中的应用。比如，营业收费系统、报装查询、停水公告、短信平台等。

5）中心管理系统：为热线服务系统的管理系统，一般包括如下模块的功能：基础数据、流程管理、话务分析、业务分析、留言管理、传真管理、知识问答、文档管理、公告板等。

6）大屏幕监控：一般设置在醒目位置，可实时显示当前话务量情况、停水通告、紧急通告等。

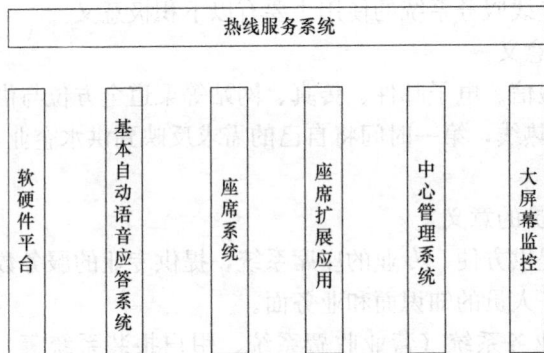

图 4-1　热线服务系统及其子系统

（2）工作基本流程

用户向 24 小时服务热线反映情况后，热线根据用户的具体反映内容，决定处理方法。

比如，咨询类问题（如水费查询、水价咨询等）当场回复用户，报修类问题（如管道破裂、表箱漏水）或用水问题（如无水、水压过小）等，记录下用户的基本信息（如联系电话、反馈地址、反馈问题、称呼方式等）后，根据用户反映的具体问题，下发到各营业所或职能部门，我们也将这一过程称为"派单"。

各营业所或职能部门的相关人员接到热线下发的任务之后，及时联系用户处理问题，如有需要，则提交相关审核申请等待领导审核。待处理完毕后，将处理过程及结果的详细描述反馈给热线，如过程中有视频、照片等资料，一并反馈，以便热线回复用户。

如有条件，热线派单将实现全程监控，相关人员处理工单全过程的关键环节（如接单时间、到场时间、处理完成时间、销单时间等）将全部反馈给热线服务系统，做到工单全生命流程透明可视。

相关领导接到营业所或相关职能部门的审批请求后，将根据实际情况决定审批通过或不通过，审批结果将自动反馈给热线服务系统。

热线服务系统将定期对用户进行回访，聆听用户反馈，审查工单完成情况，听取用户意见建议，作为下一步工作（监督考核、改进提高）的参考依据。

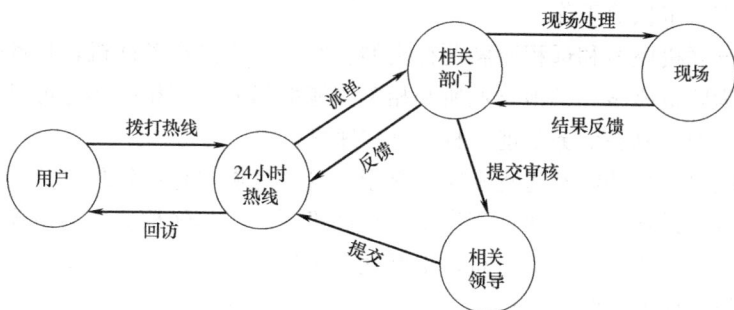

图 4-2 24 小时服务热线工作基本流程图

3. 主要功能

热线服务系统是 24 小时服务热线主要使用的软件系统，其功能强大，能够帮助热线完成大部分的日常工作。这样一个热线服务系统拥有许多强大的功能，这里将重点介绍其最具特色的几项内容。

（1）PABX 电话交换机

电话交换机是热线服务系统的核心，其具有标准的交换功能，且内置了 ACD 软件，具有自动排队、语音识别、传真收发等增值功能。其主要功能如下：

1）支持多种接口协议接入，所有信令都集成在相应的语音卡中，不需要专门配备单独的信令卡。

2）传真、语音、数据一体化集成。

3）具备呼叫转移、遇忙转移、缩位拨号、免打扰、秘书电话、选线拨出、多方会议、话务监听、代接分机等程控功能。支持向分机送来电号码。

4）每个分机可以设置一个动态号码。

5）多台内部分机，每个分机可独立控制其程控功能、呼出级别。

6）可设置 IP 字头，自动使用 IP 电话拨打长途电话。

7）多个内部设备分组（ACD 组），包括话务组、分机组、座席组、技能组，每个组具有可拨打的独立号码，可单独设置排队时间、队列长度、振铃模式等。

8）多个可登录座席，每个座席可具备多种技能的组合。

9）内置基本路由及排队功能，可将呼叫路由到指定的分机、分机组、座席、座席组等，并可根据技能，将呼叫路由到合适的技能组。当呼叫转入 ACD 组，可以按设定的模式（顺序、轮转、抢接）自动分配呼叫。队列无可用分机时，自动进入排队，并给呼入者播放等待音乐。队列溢出或排队超时，自动播放致歉辞并挂机。

（2）座席系统

座席系统是热线服务系统的重要组成部分。热线的座席员可以利用座席系统进行电话的接听、回访、录音、转接、电话会议等功能，也可以进行业务登记、派单、跟踪、查询，以及利用扩展区进行知识的学习、用户相关信息（如报装、营业收费）查询、水司实时信息（如停水、公告板、水质、水压等）信息的查询功能。

各营业所和相关职能部门可以利用座席系统登记其他形式的受理记录、接收热线派发的任务、打印任务单、进行现场处理、反馈处理信息等。各领导可以利用座席系统进行任务的查询、跟踪、审核等工作。

座席系统分联机座席和远程座席两种类型。座席员连接座席话机，具备电话的接听等话务功能，称为联机座席；其他营业所和相关职能部门人员和相关领导可以利用座席程序进行业务处理，但不具备话务功能，称为远程座席。

热线结合联机座席功能和远程座席功能于一身，是供水企业处理业务数据、登记、流转、跟踪、查询的最佳场所。座席程序采用扩展机制，将其他相关业务系统集成到座席系统，拓展座席人员的知识面和信息量，更好地为用户服务。

（3）自动语音应答系统

自动语音应答系统简称 IVR（Interactive Voice Response），是热线服务系统的一个重要组成部分。

IVR 提供对自助流程的控制。用户接通电话后，系统调用预先录制好的语音进行播放，作为系统和用户进行自助语音交流，引导用户进行操作，收集用户资料。根据具体业务的不同进入不同的业务流程，并提供与人工座席的灵活切换。根据业务的变化，可以实时修改 IVR 流程，IVR 提供语音工具，便于热线管理人员进行语音的录制、编辑、合成及播放。

系统提供 IVR 流程编辑器，热线管理人员可以利用该工具进行流程编辑，设计自己的语音自助流程，如播放欢迎词，播放主菜单等。

图 4-3 自动应答功能的示意流程图，其中的水费查询和停水信息查询的基本流程又如图 4-4 和图 4-5 所示。

IVR 和其他业务系统是相关联的，如水费查询，系统可以播报用户欠费信息，也可以根据用户的输入查询某年某月的水费记录，这些水费信息来源于营业收费系统数据库。对报装进度的查询信息则来源于报装系统数据库。

对于停水、水价、政策法规等相关的内容提供专用功能模块，可以将文本或录制好的语音上传到服务器上，在用户查询时自动播放。

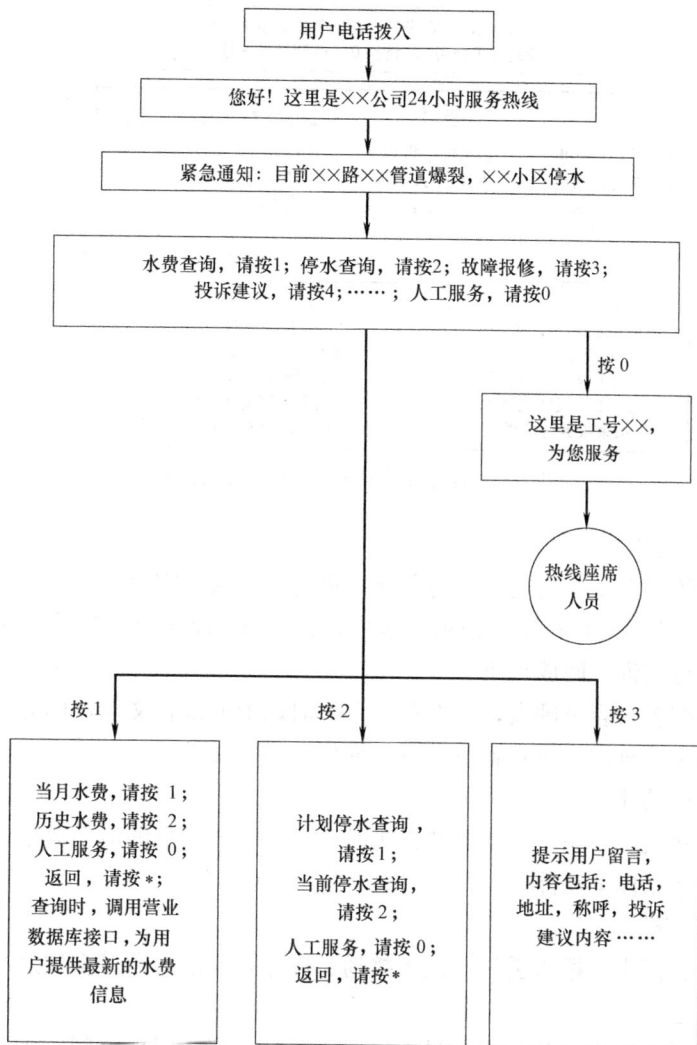

图 4-3 自动应答功能示意流程图

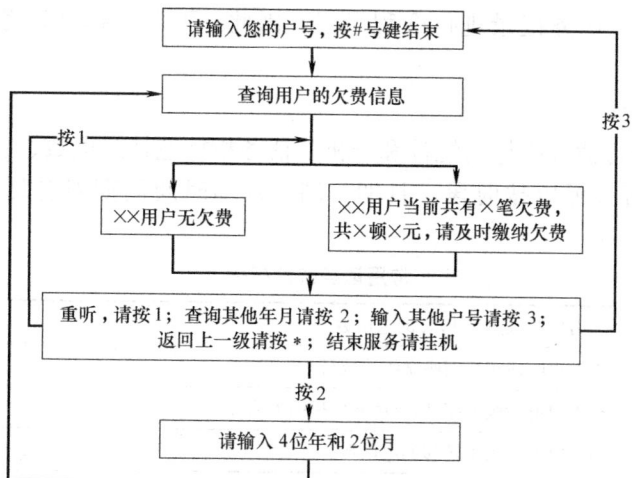

图 4-4 水费查询自动应答流程图

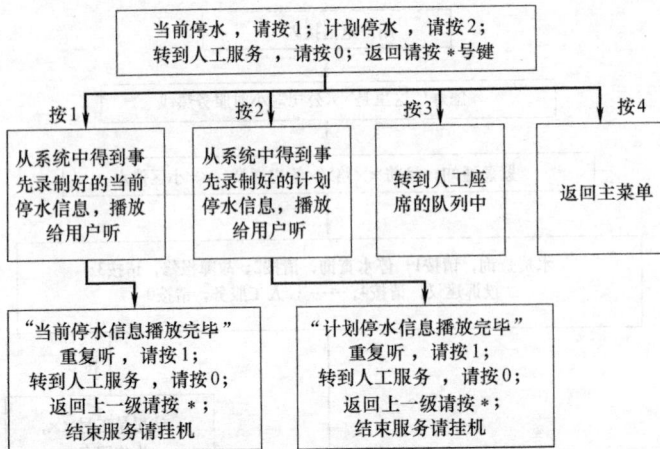

图 4-5 停水信息咨询自动应答流程图

（4）话务录音功能

热线服务系统具有录音功能，能对各座席进行全天候的实时录音，录音文件以音乐文件格式（WAV，MP3 等）存储，记录来电号码、时间、座席员工号等，并能根据这些条件对录音信息进行查询，回放重听。

录音服务器配置大容量硬盘，可保存几千小时以上的录音文件，作为近期录音文件的存储，再配置刻录光盘作为录音备份，以长期保存录音文件。

（5）话务分析功能

话务分析以热线服务系统的实时数据为基础，结合座席员的活动数据，提供相关话务统计功能。主要包括以下功能：

1）话务详单查询

可以按拨入、拨出、拨入丢失、拨入接通、座席、来电号码等多项过滤条件查询热线的来电和去电信息。

显示话务的详细内容，包括来电号码、接听分机号码、通话时间、排队时间、自动应答时间等。

由于平台对每个话务记录进行全程录音，因此，可以选择某话务记录，进行录音回放。

2）话务指标统计

可以按条件进行话务指标的统计和分析。话务指标包括来电数、去电数、连接座席数、未连放弃数等。可以按时段、日期、周、月等时间周期对各话务指标进行图表分析。

常用话务统计指标　　　　　　　　　　　　　　　　　表 4-1

拨入电话数(次)	指用户拨入热线 IVR 的电话数
拨入座席数(次)	指用户电话转移到座席组的数目
拨入连接数(次)	指用户电话拨入座席，座席并摘机的电话数
拨入电话转移数	指在座席间人工转移的电话数
拨入 IVR 退出数	指未转移到座席组前放弃的电话数

续表

拨入未接放弃数	指已转到座席,但座席摘机前放弃的电话数
进入队列数	指 IVR 排队时间大于 0 的电话数
拨入队列放弃数	指在 IVR 排队后放弃的电话数
拨入丢失数	已拨入座席组,当座席未摘机的座席数
拨出电话数	拨出的电话数
拨出连接数	
平均 IVR 时间	拨入 IVR 时间/拨入电话数
平均振铃时间	拨入振铃时间/拨入座席数
平均队列时间	拨入队列时间/拨入座席数
平均通话时间	拨入通话时间/拨入连接数
平均等待时间	队列时间＋振铃时间/拨入座席数
平均拨入丢失时间 (平均放弃时间)	总丢失时间/拨入丢失数
丢失率%	(拨入丢失数/拨入座席数)×100%
队列放置率%	(进入队列的电话数/ 拨入座席数)×100%
转接呼叫率%	座席接到电话转给其他人员接听的电话的百分率(拨入电话转移数/ 拨入连接数)×100%
服务等级	回答时间 ＝ 振铃时间 ＋ 队列时间 门限时间:X 服务水平 ＝ (回答时间少于 X 秒的电话数/ 拨入座席数)×100%
服务水准(接听等级)	接听时间 ＝ 振铃时间 门限时间:X 接听等级 ＝ (接听时间少于 X 秒的电话数/ 拨入连接数)×100%

3）业务分析

对系统录入的各类业务数据进行查询、统计、分析,其主要包含以下功能:

a）快速查询

根据不同的处理时限以及业务的当前状态（如需要跟踪、需要回复、待办工作等）进行快速查询和定位。

b）条件查询

根据业务的当前状态（如所在流程、所在环节等）以及关键信息字段（如任务编号、反映来源、反映形式、反映人、联系电话、反映地址、接线员工号等）进行条件输入并查询结果。

c）分类统计

根据关键分类字段,如反映来源、反映形式、反映区域、业务类别对各分支模块业务进行分类统计和汇总。表 4-2 按反映区域进行统计。

d）业务指标统计

e）通用查询和统计

也称作自定义查询,可根据需要构造查询条件和显示列表,动态输入查询参数显示查询结果。

按反映区域统计样表   表 4-2

日期范围：2018-12-1 － 2018-12-31

反映类别	来电	来信	网上接报	合计
营业所 1				
营业所 2				
营业所 3				
合计				

按各业务分支机构统计业务指标样表   表 4-3

反映类别	营业所 1	营业所 2	营业所 3	合计
下单数				
普通投诉				
特殊投诉				
未回执				
已回执数				
已处理数				
办结率				
...				

（6）大屏幕监控系统

大屏幕监控系统上一般会显示当前热线服务系统运行情况（比如话务量、排队情况、座席登录情况等），以及对话务、业务指标的监控。该系统一般包含两类监控内容：平台监控、话务业务监控。

平台监控包括：中继状态监控、IVR 状态监控、活动座席分机监控、排队情况监控等。

话务业务监控包括：今日主要通话指标、今日主要服务指标、未处理信息、停水公告、水质公告、公告板等。

（7）公告板

热线的管理人员可以在此发布企业有关停水、冲洗排污（降压）、水质等相关公告信息。

座席员和各营业所（相关职能部门）业务人员可以通过子系统查看系统的公告信息。

（8）文档管理

系统具备文档管理功能，可以将文档归类分组，进行录入。

管理人员可以将企业有关的规章制度、用水条例、营业手册、服务指南、企业通信等相关资料内容分类进行管理录入查询。

第二节　营业收费系统

1. 概述

营业收费系统是供水企业的重要业务系统之一。该系统功能强大，除了收费之外，还包含了企业供水营销管理与客户服务中的许多方面，是企业开展面向用户服务的基础。

营业收费系统中存储了企业所有用水用户的基本信息，为了方便企业管理，这些用户被编入了各自的册本，企业以册本为单位，进行表的抄读、周期更换等管理。每个用户都会有一个独立的户号，用户以户号为单位进行水费清缴。系统还拥有账务处理、用户查询、档案管理、票据管理等功能，按需进行各种处理。

2. 系统设计

（1）程序系统的组织结构

供水营业水费系统的组织结构如图 4-6 所示。

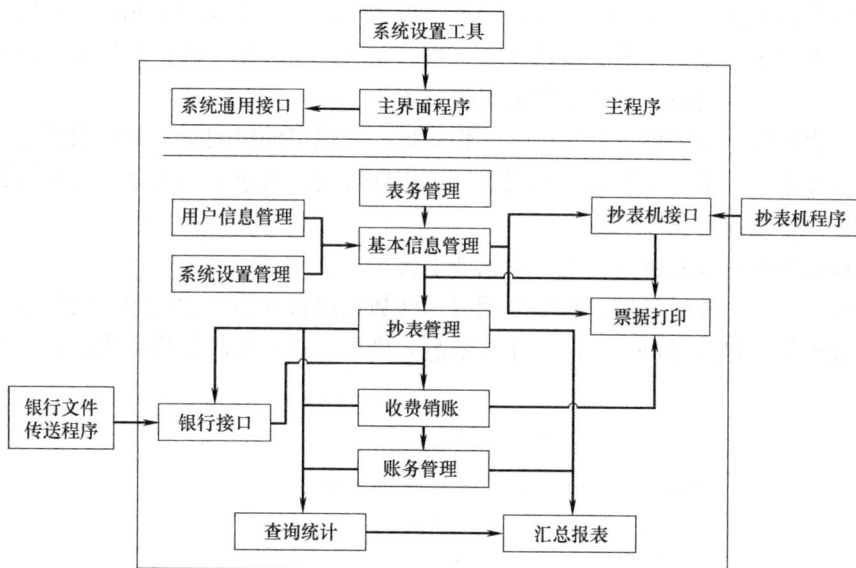

图 4-6　营业收费系统组织结构图

（2）功能模块介绍

1）档案管理模块

档案管理的业务流程见图 4-7，用户资料通过"立户操作"增加到系统的客户资料库中；可对系统中的用户资料进行修改维护管理；对于已经拆表并缴清欠费的用户资料可以进行销户处理。

图 4-7　档案管理业务流程图

档案管理模块的设计要点如下：

a) 用户资料信息只能加入不能删除，用户资料信息是终身存在的，对于以后不再用水，并缴清欠费的用户其资料可做销户处理，但信息仍然存在。

b）用户资料信息有一个数字型的编号，称户号。户号一经分配就终身不变并保证全局唯一，其他关联信息如果要引用用户资料信息，就保持对户号字段的引用即可。

c）用户资料的大量信息存在业务逻辑，操作人员不能直接通过编辑资料信息进行变更，只能通过其他业务逻辑操作（各类工单操作）进行间接变更。

d）对用户资料的任何直接和间接的变更操作都有变更历史的记录，有相应类型变更的报表，并能够追查错误变更的责任。

2）抄表管理模块

抄表管理的业务流程如图 4-8 所示，各营业区域抄表负责人根据本营业区域的具体情况，编排每个月的抄表计划，抄表计划以每个抄表工的抄表路线为单元进行管理并可以精确到天；根据抄表数据录入情况监督抄表计划的完成进度；在月底根据抄表计划和实际完成的情况，从数量和资料上对每个抄表工进行考核。

抄表工根据每个月的抄表计划进行工作安排，在规定的时间里下载抄表任务到掌上机或其他软件系统，并根据任务安排的表册进行实地抄表。对于有相关第三方软件辅助的也在同时间进行本地或远程抄表。

阶段抄表任务完成后将数据人工录入或上传录入。

抄表数据录入系统后可以在相应时间对这些数据进行评估，生成用户的费用信息。

抄表数据如果包含用户用水的非正常信息，则可以进行故障处理，生成后续处理工单进行处理。

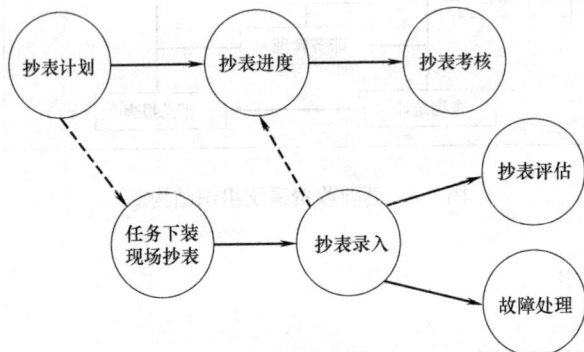

图 4-8　抄表管理业务流程图

抄表管理模块的设计要点如下：

a）系统支持多种形式的抄表方式和多种抄表数据来源，如人工抄表、掌上机抄表、手机抄表、第三方系统抄表等。

b）操作员不用单独生成拆换水量，系统能够处理同时同条水表拆换、水表归零、抄表估收的情况。

c）正常情况系统限制每个用户一个月只能进行一次抄表录入工作；对于拆表水量或者确实需要多次抄表并生成费用的，系统通过增加抄表的特殊处理机制进行。

d）对于抄表录入后的数据，系统可以进行评估和故障处理，以保证后续工作正常有序进行。

e）对于没有生成费用的抄表记录，操作人员可以多次录入或修改；已经生成费用的记录则被锁定，操作员不能直接修改，必须先取消费用然后进行。

f）针对通过系统功能生成的拆换任务，可根据选择的自动估算标志自动计算估收水量。

3）水表管理模块

水表管理模块的业务流程如图 4-9 所示，主要是两大功能，一块是以水表仓库为中心的出入库和库存管理，一块是以现场水表为中心的水表工单处理。

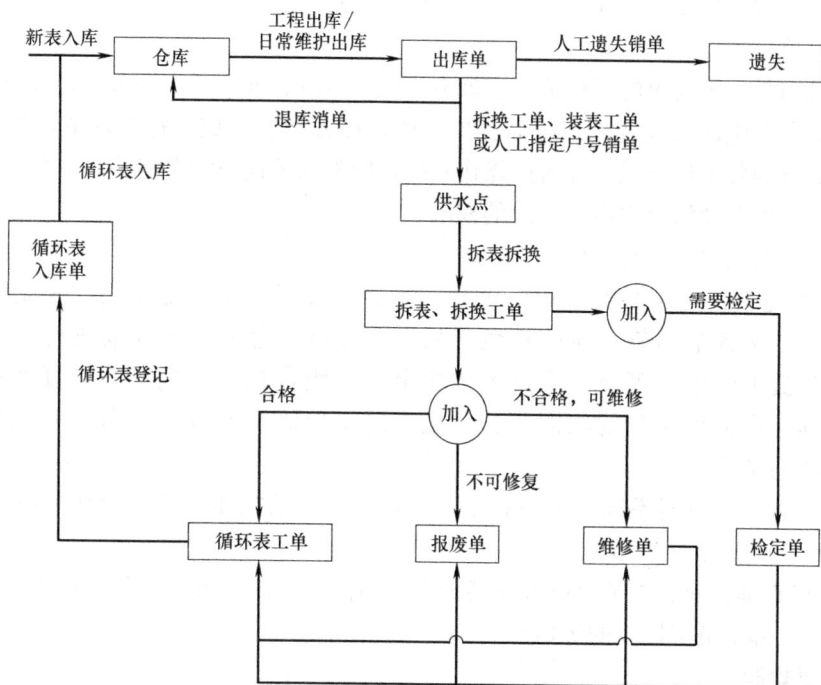

图 4-9　水表管理模块业务流程图

4）收费管理模块

收费管理模块主要针对营业厅的收费相关业务。大厅收费的业务流程如图 4-10 所示，收费员选择欠费数据后进行销账，根据用户要求选择是否开票，并在每日工作后进行对账。

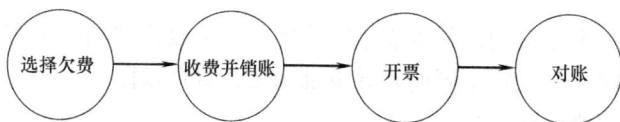

图 4-10　大厅收费业务流程图

5）账务管理模块

收费管理模块的设计要点如下：

a）系统支持水价的分类、水价的定义和变更业务。

b）系统提供费用逾期违约金的自动计算，可根据实际情况定义违约金计算的相关参数和涉及的用户。

c）系统提供大量费用处理工单，包括减免类、冲红类、更改抄见、追加抄表、费用追收等类型的工单。

6）查询统计模块

查询统计模块的设计要点如下：

a）系统提供用户信息查询、自定义查询、自定义统计模块。

b）用户信息查询支持常用模糊条件、显示内容全面。

c）自定义查询、统计字段全面，可以设置动态参数。

（3）工单机制

工单机制是一种简单的工作流，它拥有生成、审批、处理三个环节，可以根据需要决定某个业务是在生成后完成、审批后完成、还是在处理后完成。每个环节都有对应的权限，一个业务的各个环节只有拥有能操作它的权限的人才能看到并操作。业务人员是否能查看某种业务的办理情况也需要相应的权限。

工单管理的主要功能有：

1）流程定义：定义某类工单的流程，是必须经过审批才能执行，还是生成时就可以执行。定义各个环节对应的角色，只有拥有该角色的员工才能进行该环节的操作。定义各员工的审批等级。审批要求按金额逐级审批，由低到高，直到审批该业务的员工具有审批该业务的权限为止。定义的工单流转的各个环节的有效期，及各个环节超期的结果。

2）工单流转：针对不同的工单各个环节都有不同的操作，只有当某个环节完成后，才能流转到下一个环节。

3）工单查询：业务人员可以查询某个工单当前所处的位置，如是在审批阶段还是在处理阶段，是哪个员工接收的等信息。

3. 主要功能

（1）档案管理

档案管理的功能主要是建立、维护及管理用户档案，包括表卡档案、账户信息档案、水表信息档案等。

系统记录用户档案的每次变更，将某时期的水费和该时期的用户档案正确关联。确保水费和用户档案信息的同步，能够正确统计历史某个时间点的用户档案信息和关联的水费信息。

档案管理支持一个缴费用户的多表卡的管理，一般以设定同一个客户号实现。根据变更的档案信息的不同，将设定不同的领导审批和核查管理权限。

这里介绍几个重要的标识号。

在用户档案信息管理中，户号为每个用户的唯一标识号，一般由系统自动生成，一旦确定，不可更改，且不存在重复的户号。一般会将系统中所有的户号设定为固定位数，并有一个固定设置规则。用户销户后，该户号将不能抄表，但是信息仍在数据库中，仍然可以催缴、收费，只是状态改为销户。

在表册管理中，每个册本有一个唯一的表册号，由用户自由设置，一般为固定位数且有相应设定规则。

表身号为水表本身的标识号，一般为固定位数，每个位数有其固定含义。同一缴费用户可能拥有多个水表，因此会设定统一的客户号将他们建立关联。

客户号在一个客户只对应一只水表的时候，客户号和户号一致，在一个客户拥有多只水表的时候，系统会自动生成一个客户号，客户号范围与户号范围不能重叠，在查询、收费等界面中输入客户的任意一只水表的户号都将列出该客户拥有的其他水表的信息。

下面将简单介绍档案管理的具体功能。

1）档案参数维护

用户状态一般可分为"正常""销户""报停""欠费拆表"等。

抄表周期指的是每个册本的具体抄读周期，可由"起抄月"和"抄表周期"两个参数来具体定义。比如表4-4列举的三个常见抄表周期及其描述。

常见抄表周期及其描述

表4-4

抄表周期描述	起抄月	抄表周期
月月抄	1月	1个月
单月抄	1月	2个月
双月抄	2月	2个月

2）用户基本档案

用户基本档案管理一般包括以下几项：

a）表卡档案信息

表卡档案一般包括以下信息：户号、户名、身份证号、用户状态、用户地址、装表位置、表册号、开票类型、承租人姓名、营业区域、用水人口、移动电话、联系人、联系电话、供用水合同号、用水性质、开票名来源（表主名称、承租人名称、客户名称）等。

b）水表档案信息

水表档案一般包括：表身号、供应商、口径、类型、表号、最大读数、检测日期、换表日期、换表周期、首次安装日期等。

c）客户档案信息

如上文所述，一个客户可以有多只水表，客户档案一般包括如下信息：客户名称、客户地址、联系电话、联系人、手机号码、Email、身份证号、收费类型（现金、代扣、托收等）、银行账户号、银行开户名、开户银行（指总行）、银行分理处（指开户银行名称，如××支行）、开户时间、催缴方式（短信通知、语音通知电话、Email）、催缴电话、催缴手机、邮政编码、邮寄地址、公司账户等。

d）银行信息

一般特指办理托收的用户的相关托收信息，包括开户银行信息及其对应的总行、营业区域的信息。

e）立户信息

指从报装系统中带来的不可修改的用户信息，包括申请日期（报装申请时间）、装表日期、通水日期、生成日期（导入营业收费系统的日期）、立户日期、入册日期（由临时表册进入正式表册的日期）、安装工程编号、安装人姓名等。

f）公司账户

管理供水企业的营业收费账户信息，包括企业名称、开户行、账号等。若不同营业所有不同的账号，该功能能够方便根据营业所单独管理。

3）用户档案处理工单

系统提供工单机制，当操作员进行下列操作时，如果需要经过审批，可以选择经过审批后再进行操作，各个环节之间通过工单进行流转，如果未通过审批，则不进行操作。如果选择不经过审批，则直接进行操作。

常见的工单有如下几种：变更水价、过户、销户等。

a）变更水价

变更水价工单一般建议走审批流程，根据不同的水价变更方式（高水价向低水价修改或低水价向高水价修改），设置不同的审批权限。

b）过户

当用户产权关系发生变更时，需要更改缴费用户的信息，水表表主的信息等。过户前一般需先判断原先用户是否存在欠费信息，如果存在欠费信息，一般需清缴水费后系统才能过户。用户在过户时需要重新填写供用水合同，并生成新的供用水合同号。

更名过户主要是用于用户在开票时发现自己的名字不正确，仅仅是更改一下户名或者用户通信地址等的时候，在房屋租赁用户需要开票时也会出现这种情况，一般修改承租人姓名或者开票名来源。

过户的信息可以制作日、月过户的相关报表。

c）变更用水人口

根据用户提供的相应证件或说明修改用水人口，并登记相应的证件号。

d）销户

用"销户"来标注"用户状态"，其含义为该户将不再抄表、不再生成新的费用，其基本档案信息在档案工单中不再可见，但不是真正的彻底删除，只是做删除标记，系统不删除其所有的费用记录，即"系统查询"时仍可查询其所有信息，有欠费也可继续缴纳。销户后的"户号"将不可被再次使用。

e）报停

应用户要求需暂停供水，用户提出书面申请，缴清所有水费，拆表暂停供水并清缴最后一笔水费（可能会做一次增加抄表处理）。

用户提出恢复书面恢复申请，将通过"报停恢复"工单恢复供水。

f）移卡管理

按抄表员组织表册，实现表册间的个别移卡和批量移卡，移卡一般不可以跨营业区域进行。

g）用户信息变更

用户联系人、联系电话、缴费联系人、联系电话、缴费用户名称、收费类型、开户银行、银行账号、托收合同号等信息的变更。用户信息变更后，报表以户号为准，用户信息变更时，若当月已抄表且未销账，可选择是否影响当月水费。之前的用户数据依旧保持变更前的用户信息。

（h）批量档案工单

在某些情况下，需要整理数据，会出现批量将某表册、某户号段的用户的某个字段批量更新成新的字段，或者某水价用户批量改成另一种水价，这时候就会用到批量档案工单。此类工单涉及数据范围甚广，一般需要有严格的权限控制和审批制度。

（2）抄表管理

目前的抄表方式主要有手工抄表、掌上机抄表、手机抄表等，系统将正确处理拆换表和归零表的水量计算，以及异常水量的统计分析。抄表管理模块主要提供对表册、抄表的管理功能。

1）参数设置

系统提供对抄表管理中各种参数设置的功能，以便在实际工作中及时调节相关参数。

欠费拆表参数可设"欠费期数""欠费金额"两个条件，满足两个条件中任何一个就可以停水。

水量异常报警可根据各口径分别设置报警上限、下限和最低水量。

历史平均水量可根据具体需求设置，比如，在评估处理时取前三期平均水量，在估算水量时取前12月平均水量。

异常数值可从历史平均水量值取相应的偏差作为报警值。

最低水量是指凡是低于此用水量的抄表都不报警，如由1吨变成3吨水量不需要报警。

异常用水报警上下限参数，即将用户当期实收水量与其"上下限值、最低水量"比较计算，方便了解用户的用水情况和统计异常用水清单。

其他常见参数还有水表口径、类型、厂家等，可根据需要进行增删修改。

2）路线表册管理

每个抄表员每月的抄表任务将作为一个抄表路线，抄表线路的意义在于如果需要周期性调整抄表员（对于大表可能会实行轮抄制度），可对抄表线路进行规划。

抄表线路包含若干表册号，以及这些表册的抄表顺序、抄表员、催收员、抄表周期、所属营业区域等信息。

每个抄表线路有一个临时表册，刚立户的用户将进入此表册。

在路线表册管理模块中，可以调整抄表路线，包括增删路线和修改路线信息；调整抄表路线对应的抄表员、催收员、起抄月、抄表周期；增删表册、调整表册顺序、修改表册信息；在不同的抄表线路间移动表册等。

3）抄表录入

根据供水企业选用的抄表方式，设置相应的抄表录入方式，下面主要介绍三种：手工抄表、掌上机录入和手机抄表。

a）手工抄表

手工抄表的主要功能是根据表册号、户号定位要录入的表卡信息，录入抄表水量和取消本次抄表。

手工录入窗口按表册或户号进行查找和定义，按表册和表卡顺序进行依次录入。该界面显示关于该表以及所属表册的上期抄表数据的基本信息，供录入时核对，数据输入后显示系统生成的抄表数据，如水量信息等，供当场核查。

系统严格控制用户的抄表周期，对于非本月抄表或该月抄表已处理（已生成水费、已开票、已收费、已锁定）的情况进行业务逻辑控制，对于不能在此录入的给与详细提示，供操作人员进行决策。

在用水状态异常需要估算的情况下，系统根据 12 月平均水量自动给出行至及水量，但允许用户进行修改。

对于当天开账并未销账的费用可直接取消抄表后重新抄表，对于未开账的水费可直接重抄。对于开账过日后需要重新抄表的情况，可先进行取消抄表工单后重新抄表。

系统根据期平均水量、日平均水量考核本次输入水量是否异常，提高数据录入错误或抄表错误发现率。对于涉及水表归零、水表故障、需要整改的，系统可以同时进行判断和录入。

b）掌上机抄表

设置掌上机抄表的接口，通过有线的方式将掌上机的数据导入系统，批量生成一个册本的水量。

c）手机抄表

设置手机抄表的接口，通过无线网络的方式将掌上机的数据传入系统，批量生成一个册本的水量。

4）抄表评估

抄表数据录入系统后，根据情况生成水费，有些需要经复核确定后，才能生成水费，抄表评估功能模块的主要功能如下：

a）自动评估：根据设置的条件选择符合条件的抄表数据通过评估并生成水费。

b）强制通过：允许选择不符合条件的抄表数据强制通过评估生成水费，但必须选择强制通过的原因。

c）开出复核单：即生成复核任务单，交由外复人员进行现场复核。

d）作废重抄：对确定抄表错误的可将此抄表记录作废。

正常水量直接在抄表后生成水费。

满足评估标准但不满足复核标准的，在评估界面中可直接生成水费，也可开出外复单。

满足复核标准的有两个选择，一是在和抄表员了解情况后选择复核通过原因后直接通过生成水费；二是开出复核单，交由复核人员进行外复。

在评估界面中，需要复核的水表可用不同颜色的字体显示，方便查看。

外复人员查看完现场情况后，将情况报给评估人员，由评估人员录入电脑，录入复核抄见、用水状态和复核描述，系统再根据相应算法给出正常与否的提示，人工确认是否正常，正常情况下直接生成水费，异常情况下可选择按外复抄见生成水费。

若外复结果中用水状态属于需要估收水量的，系统给出默认估算水量，用户可以修改后生成水费。

5）抄表单据打印管理

根据具体需要打印抄表相关的通知单，如催缴单、缴费通知单、停水通知单等。打印格式可自主设置，可选择相应条件（如收费类型、营业区域、表册号、欠费金额段等），批量或单张打印通知单。

6）复核抄表

复核抄表任务定义，可定义多种复核抄表，有些是自动生成的，有些是手工筛选后生成。

复核抄表的形式可大致列为两种，一是根据条件每月自动生成复核任务（主要针对大口径水表），二是根据水表口径、数量、用水性质等条件随机抽取。

复核任务可以选择下装掌上机抄表，并将结果反馈到系统中，也可将复核任务打印成复核抄表清单，再手工将这些数据录入。

系统将根据复核抄表日和实际抄表日及平均用水量产生报表，列出有疑问的抄表记录。

（3）水表管理

1）水表仓库

a）水表入库

系统中会虚拟一个水表仓库，输入水表口径、需要的水表数量、水表厂家、水表型号等信息后，系统根据规则自动给出表身号范围，这个表身号的产生就相当于水表入库。

b）水表领用

水表领用大致可分为三种：周期性换表、小用户安装、特殊换表（比如水表故障、丢失或者现场发现口径不一致）。

在水表领用界面，可填写相应信息，包括营业区域、入库类型、水表厂家、水表类型、口径、数量、起始表身号、终止表身号等，领用相应数量相应用途的表身号，入库使用。

2）水表查询

水表查询包含以下几类：

a）库存查询：可知道已领表数、已装表数、库存数量等信息。

b）单表查询：可根据表身号等相关信息查询该表相关的信息，如该表目前所在的位置、厂家、类型、口径、安装状态、安装信息和水表户主的信息。

c）批次查询：可查询每个号段的使用情况，已装表情况及剩余数量。

d）异常提醒：比如水表超出期限尚未使用，某个不连续的表身号长期未使用等。

3）表务工单

a）拆换表管理

拆换表管理可分为三种：周期表批量生成、故障表批量生成、单用户生成。在拆换表任务生成后，在派工界面选择需要换表的工单，指派施工人进行派工的同时，生成领表单，此领表单只包含各口径的水表数量，由水表仓库点击"完成"按钮即完成了水表领用过程。在换表任务完成后，在任务录入界面点击"录入"，表示该项任务完成销单。

b）欠费停水管理

欠费停水管理主要分为三个阶段：生成、派工和录入。

在欠费停水生成界面，可选择欠费停水的条件，比如营业区域、表身号段、册本号、欠费期数、欠费时间、欠费金额、户号等，批量自动生成欠费停水工单。

在欠费停水派工和录入界面，可根据需要打印欠费停水工单派工，在现场完成"拆表"工作后，选择"录入"，则完成了一个欠费停水的流程。

c）外复管理

该功能主要是外复单的生成和录入，如发现水表异常（包括口径、类型、表身号等），均可生成外复单，由外复人员进行现场查看，查看后填入核查结果，填入新值，完成后将自动更新错误的水表信息。

当遇到串户问题，可使用"水表互换"功能，将错位的水表与户号的对应关系调整正确。

d) 拆表管理和拆表复接

与其他工单相同，拆表管理也分为生成、派工和录入三部。在工单生成时，可选择单个生成和批量生成，随后完成相应的派工和录入任务。拆表工单主要用于销户拆表和报停拆表。

而当被拆的水表需要复接时，则需用到复接工单。在复接工单完成后，则能恢复正常用水。

（4）收费管理

供水企业的收费方式多种多样，如营业厅柜台现金收费、银行托收、小额支付系统、微信支付宝代收等。这里的收费管理主要针对营业厅现场收费和托收部分。

1）大厅收费

营业大厅收费员可根据水费户号、地址、手机号码等进行搜索，系统将自动列出该用户对应的所有欠费。如果该用户是多表户，系统会列出多表户下所有用户的欠费，以免遗漏。

在销账前，系统会出一些提示，比如用户为托收用户、代扣用户；用户为欠费停水用户，以便及时安排欠费停水复接；增值税户；没有签订供用水合同等。

系统具有"找零界面"，包括应收合计、实收合计、找零等提示。若用户需要开票，在缴费后系统可直接开具发票。

2）收费调整

收费调整针对大厅收费当天的费用，每个收费员只能取消当天本人的销账。若需要对以前的某笔费用进行取消则需要由更高权限的人进行处理。

每次销账取消都将生成一笔负数的收费记录，也就是说收费记录只会增加而不会删除。

销账取消产生的负数记录将归由收费本人进行退款，在当天该收费员的收费报表中将体现所有的负数金额。

3）银行划账

设置与银行进行数据交换的托收接口，用于生产和返回托收数据。

（5）票据管理

现行增值税普通发票已基本推行电子发票，用户可在供水企业提供的电子发票开票查询网页或微信公众号进行自主开票，在大厅现金交费的用户可在交费后直接开票。增值税专用发票将由系统的专用接口进行数据导出。票据管理模块主要针对增值税普通发票的开票及管理。

1）开票

开票模块主要可分为两块，补开发票和批量开票。

a) 补开发票

补开发票针对的是在大厅现金缴费后未直接开票的用户，或是以其他方式（如托收、代扣、支付宝微信代收等）缴费的用户。在补开发票界面，输入户号后，即会显示该用户一年内的所有未开票水费记录，用户可根据需要选择需要开票的水费。

在补开发票界面，可以选择是否显示同客户的水费记录，若选择显示同客户水费记录，可显示同一个客户号下的所有水表的水费记录，方便拥有多个水表的用户补开发票。

b）批量开票

用于根据某些条件，批量开票。可以选择的条件一般有：营业区域、抄表线路、表册号、收费类型、销账日期、销账情况、排序方式等，可根据具体情况勾选，以批量开出符合条件的票。

2）票据查询处理

票据查询处理功能用以查询开票记录，可根据开票日期、开票员、户号、营业区域等查询用户的开票信息。电子发票推行后，若用户遗失发票，可重新打印该发票。若开票后，用户的水费发生变化需要进行账务处理，则可在该界面全额冲红原发票，待账务处理完成、新水费销账之后，在"补开发票"界面重新开票。

（6）账务管理

当水费账务出现问题时，则需用到账务管理功能。账务管理中，除了可以设置系统的基本参数外，日常涉及的主要是几个常用的账务工单。

1）账务基础数据设置

可在账务基础数据设置中，设置一些系统的账务类基础数据，比如增删修改用水属性、违约金收取情况、水价阶梯定义、账务工单类型等。

2）账务工单查询处理

在账务工单查询处理界面中，可以按照具体条件查询往期生成过的所有账务工单及其完成情况，查询后，账务工单列表将清晰地列出所查工单的相关信息，如户号、水费月份、工单类型、处理金额、处理水量、处理原因、处理时间、当前环节、当前处理人、生成时间等信息。也可以在该界面创建新的账务工单。

下面将简单介绍几类常用的账务工单。

a）减免类工单：针对水费未结清的用户，一般包括减免水量、调整抄表和变更用水性质等工单类型。操作人员可以输入或选择需要更改用水性质的水费欠费用户，选择新用水性质，然后根据设置等待审批或直接执行。

b）冲红类工单：针对水费已结清的用户，一般包括冲红水量、价差退款、销账调整等工单类型。以"冲红水量工单"为例，当某笔水费已经销账同时需要做调整时，系统不能做直接调整，操作人员可以对该笔水费冲红；系统产生冲红的水费记录（负费用记录），对该冲红记录进行开票销账；冲红记录统计到本月应收中，其销账信息统计到本月的回收中。

c）更改抄见工单：一般分两种情况，一是仅修改底度不修改费用，主要用于发现抄表员弄错了水表在进行其他账务处理后将底度直接修改成正确的底度；二是指发现上月抄表出现错误的时候（本月出现错误直接重新抄表即可），若本月已抄则先取消本月抄表，在上月水费未销账时可修改行至，系统重新计算上月水费后将新的行至作为本月起度。

d）追加抄表工单：在原费用已销账的情况下，需要对用户追加一次抄表时，可采用本工单，相当于某用户一个月抄了两次水费记录。对于未销账用户可直接取消抄表后重新抄表。

e) 费用追收工单：操作人员可以输入待追收的用户户号和费用月份，并输入追收的水量、水价，系统自动产生一笔新的追收费用，其水量统计到水量应收中。

（7）查询统计

查询统计模块是系统日常工作中的重要功能模块，一般用于日常工作中的用户信息查询和供水企业内部数据的统计分析。

1）用户查询

用户查询界面可大致分为三个部分，查询区、信息列表和信息详情。

在查询区，可输入相关信息，查询某一个特定用户的基本信息。比如，可通过户号、用水地址、手机号码、表主名称、表身号、客户号、托收号等进行查询。系统有模糊查询的功能，可输入部分关键词查询到相关用户信息。

在信息列表，会列出当前查询出的用户的全部列表。一般来说，若是通过户号查询，列表中会显示与该户号相关联（拥有同一个客户号）的用户的全部列表。若是用模糊查询（比如用水地址、表主名称等），则会列举出满足该模糊查询条件的全部用户列表，以便日常的查询工作。

在信息详情区，将会显示用户的全部信息详情，比如用户基本信息、银行信息、抄表记录、费用记录、开票记录、水表拆换记录、各种工单记录（账务工单、档案工单等），方便客户服务人员在服务用户时尽快查到用户的相关信息，以提供更快捷优质的服务。

2）通用查询

通用查询即根据供水企业日常工作需要，设计的各种报表类查询功能，比如根据各种条件统计用户数、统计用水量、统计收费金额等，可根据实际工作需要设计使用各种类型的报表。

思 考 题

1. 使用热线服务系统有哪几方面的积极意义？
2. 请用流程图简单绘制自动语音应答系统的工作过程。
3. 请列举 5 个常用话务统计指标并简要介绍。
4. 大屏幕监控系统上一般会显示哪些内容？
5. 营业收费系统有哪些常用的功能模块？
6. 常用的用户档案处理工单有哪些？
7. 抄表评估功能模块的主要功能有哪些？
8. 常用的账务工单有哪些？

第五章

抄表计量

第一节　水表常识

　　水表是一种用来计量流经自来水管道水的总量的仪表，用于连续测量、记录和显示流经测量传感器的水的体积。它是自来水计量的重要仪表之一，主要包括机械式水表、配备了电子装置的机械式水表、基于电磁或电子原理工作的水表。

　　常用的机械式水表，一般是采用速度式原理或容积式原理，以流动的自来水作为动力，推动测量传感器的运动，记录流经自来水管道的水的总量。

　　配备了电子装置的机械水表通过配备电子装置来实现表端数据采集并远程传输、预付费等功能，常见的产品有 IC 卡水表、光电直读水表、霍尔（无磁）脉冲有线（无线）水表、摄像有线（无线）水表等。

　　基于电磁或电子测量原理工作的水表，常见的产品有超声波水表和电磁水表。

　　供水企业的水表主要有两大用途：贸易结算用和非贸易结算用。贸易结算用水表为企业供水计量、收费的依据；非贸易结算用水表为企业产销差分析、内部控漏的基础。国家对水表质量有一定的标准和要求，贸易结算用水表受国家行政主管部门的监督，非贸易结算用水表应建立有效的制度进行管理。

第二节　水表的类型

　　水表的品种很多，其分类方法也很多，一般有以下几种分类方法。

1. 按标称口径及 Q_3 值分类

　　水表按照标称口径及 Q_3 值分类，可分为大口径水表和小口径水表，如图 5-1 所示。大口径水表指标称口径大于 50mm 或常用流量 Q_3 超过 $16m^3/h$ 的水表；小口径水表指标称口径小于或等于 50mm 且常用流量 Q_3 不超过 $16m^3/h$ 的水表。

2. 按测量（工作）原理分类

　　（1）机械水表

(a)

(b)

(c)

(d)

图 5-1 水表
(a)、(b) 大口径水表；(c)、(d) 小口径水表

1）速度式水表（旋翼或螺翼）（图 5-2）

图 5-2 速度式水表

自来水流经速度式水表时，水流驱动叶轮（旋翼或螺翼）旋转，水流的流速（流量）与叶轮的转速成正比。叶轮的转数通过齿轮（蜗轮）减速机构计算、累积，从而记录流经水表的水量。

2）容积式水表（活塞或圆盘）（图 5-3）

自来水流经容积式水表时，水流驱动活塞（圆盘）旋转（摆动），由于活塞缸（圆盘室）的体积是恒定的，活塞旋转（圆盘摆动）的次数，通过齿轮（蜗轮）减速机构计算、累积，从而记录流经水表的水量。

机械水表的详细分类如图 5-4 所示。我国大口径水表一般采用水平螺翼式或垂直螺翼式结构，小口径水表一般采用旋翼多流束结构。

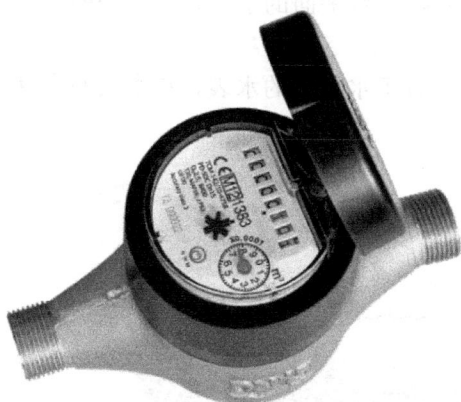

图 5-3　容积式水表

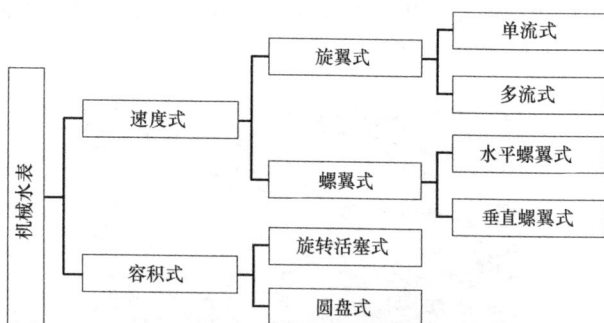

图 5-4　机械水表详细分类图

（2）电子水表

1）超声波水表（图 5-5）：通过检测液体流动时对超声脉冲的作用，以测量体积流量。

图 5-5　超声波水表

2）电磁水表（图 5-6）：利用法拉第电磁感应定律制成的用于测量导电液体体积流量的仪表。

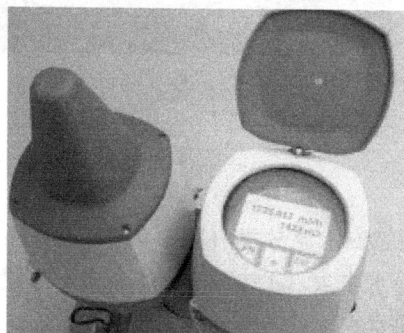

图 5-6　电磁水表

3. 按安装方向分类

1）水平安装水表（图 5-7（a））：安装时其流向平行于水平面的水表，在水表的度盘上用"H"来代表。

2）立式安装水表（图 5-7（b））：安装时其流向垂直于水平面的水表，在水表的度盘上用"V"来代表。

(a)　　　　　　　　　　　　　(b)

图 5-7　水平安装水表（左）和立式安装水表（右）

4. 按计数器是否浸在被测水中分类（图 5-8）

1）湿式水表的计数器浸在被测水中。

2）干式水表的计数器不浸在被测水中。这种水表的计数器由齿轮盒或隔离板与被测水隔离，叶轮轴与计数器中心齿轮的连接，依靠磁钢耦合来传动。

(a)　　　　　　　　　　　　　(b)

图 5-8　湿式水表（左）和干式水表（右）

5. 按被测水温分类（图 5-9）

1）冷水水表（T30/T50）：介质下限温度为 0℃、上限温度为 30℃ 的水表。

2）热水水表：介质下限温度为 30℃、上限温度为 90℃ 的水表或 130℃ 或 180℃ 的水表。当不指明时，一般水表均指冷水水表。

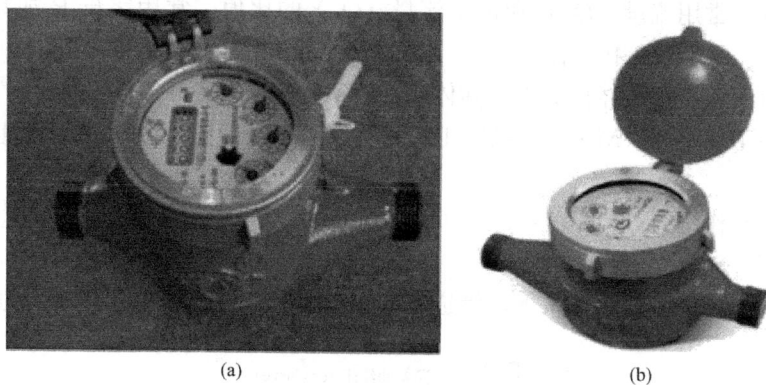

(a)　　　　　　　　　　(b)

图 5-9　冷水水表（左）和热水水表（右）

第三节　水表的性能

水表的计量性能通常由常用流量（Q_3）和测量范围 Q_3/Q_1、准确度等级来表示。

流量（Q）：通过水表的水的体积与此体积通过水表所需时间之商。流量的单位符号以 m^3/h 表示。

常用流量（Q_3）：额定工作条件下的最大流量。在此流量下，水表正常工作且示值误差在最大允许误差内。

过载流量（Q_4）：短时间内超出额定流量范围允许运行的最大流量。在此流量下，水表示值误差在最大允许误差内，当恢复在额定工作条件下工作时，水表计量特性不变。

最小流量（Q_1）：要求水表符合最大允许误差的最低流量。

分界流量（Q_2）：介于常用流量 Q_3 和最小流量 Q_1 之间、把水表流量范围分为高区和低区的流量。高区和低区各有相应的最大允许误差。

准确度等级和最大允许误差：准确度等级分为 1 级和 2 级，有各自对应的最大允许误差。

1 级水表（准确度等级为 1 级）

在水温 0.1℃ 至 30℃ 范围内，水表的最大允许误差在高区（$Q_2 \leqslant Q \leqslant Q_4$）为 $\pm 1\%$，低区（$Q_1 \leqslant Q < Q_2$）为 $\pm 3\%$。水温超过 30℃ 时，水表在高区的最大允许误差为 $\pm 2\%$，低区仍为 $\pm 3\%$。

准确度等级 1 级仅适用于常用流量 $Q_3 \geqslant 100m^3/h$ 的水表。

2 级水表（准确度等级为 2 级）

在水温 0.1℃ 至 30℃ 范围内，水表的最大允许误差在高区（$Q_2 \leqslant Q \leqslant Q_4$）为 $\pm 2\%$，低区（$Q_1 \leqslant Q < Q_2$）为 $\pm 5\%$。水温超过 30℃ 时，水表在高区的最大允许误差为 $\pm 3\%$，低区仍为 $\pm 5\%$。

准确度等级 2 级适用于常用流量 $Q_3 < 100m^3/h$ 的水表，也适用于 $Q_3 \geqslant 100m^3/h$ 的水表。

测量范围：常用流量（Q_3）和最小流量（Q_1）的比值，常用字母 R 加数字来表示，如 R100 就表示 $Q_3/Q_1=100$ 倍。

相对示值误差：指示体积减去实际体积除以实际体积乘以100%。

最高允许工作温度（MAT）：额定工作条件下，水表能够持久承受且计量性能不会劣化的最高水温。

最高允许工作压力（MAT）：额定工作条件下，水表能够持久承受且计量性能不会劣化的最高内压。

压力损失（ΔP）：给定流量下，管道内存在水表所造成的不可恢复的压力降低。

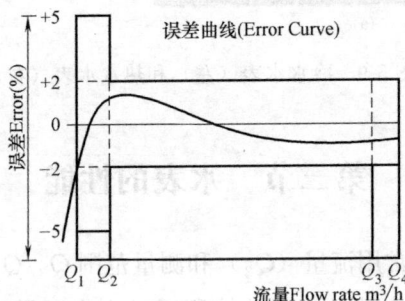

图 5-10　水表误差曲线示意图

式 5-1 为水表相对示值误差计算公式，其中，V_i 表示指示体积，V_a 表示实际体积。

$$E=\frac{V_i-V_a}{V_a}\times100\% \tag{5-1}$$

第四节　水表的构造

本节介绍水表的结构，以常用的速度式多流速机械水表为例。

1. 表壳

水表外壳应采用具有一定强度并能承受一定水压，且不会被水腐蚀的材料；常用的材料有金属（铜、铁）或塑料、不锈钢铸件等。

2. 表芯部件

水表内部有一套表芯，常用的材料为塑料，这里对其组成部件及作用作简单说明。

（1）滤污网

目前国内的自来水水质有了明显的提高，但是由于受施工、维修、阀门关启等外界因素影响，水中不免由此带有杂质，混进水表会损坏水表部件造成计量失准甚至水表损坏。因此水表装有滤污网起到阻挡、过滤水中杂质的作用。

（2）分水器

分水器是使自来水进出分流，它的形式似碗状，四面又分成上下两排，不同方面的斜孔，当搁在表壳座圈上时，上排孔是出水，下排孔是进水，分水器当中装有一轴心（称为下轴心），其底部有可转动的误差调节板。

（3）叶（翼）轮

叶（翼）轮在分水器中，其中心有一轴，以下轴心为支柱，可旋转，上轴心穿入齿轮盒，叶（翼）轮受进水的推力而旋转，带动齿轮盒内的其他齿轮。

（4）齿轮盒

齿轮盒在分水器上，内中要装有计数器（记录器），叶（翼）轮的上轴心从齿轮盒当中穿出，最顶端装有一个小齿轮，用以连接计数器（记录器）内的齿轮组。

（5）计数器（记录器）

计数器（记录器）用夹板分成上下两个部分，下部分装有许多齿轮，上部分是一个度盘（俗称磁面或显示器）；度盘上有分度盘，表示不同的分度值，计数器（记录器）内的许多齿轮，通过齿轮轴，带动分度盘上的指针和字轮，指示出水表的读数。与叶（翼）轮的上轴心顶端齿轮连接的齿轮轴上套有红色的梅花形指针，即为起步针；以检验水表是否走动。

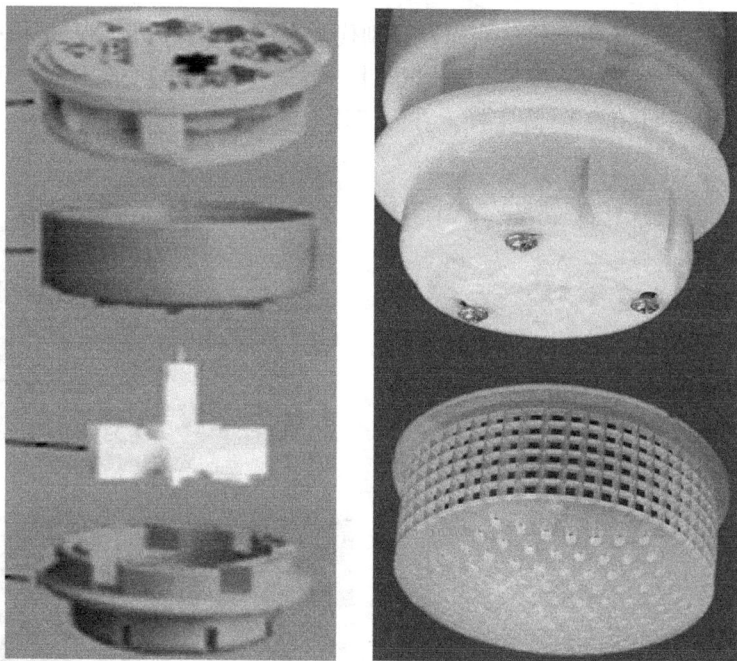

图 5-11　表芯部件图

3. 水表编号

每只水表出厂时在表盖或表罩上压有硬表号，也有在表度盘上印上表号或电子识别码等代表其可溯源性的标志，以便于供水企业进行日常管理。

4. 水表的抄读

我国现行水表的计量单位是 m^3（"立方米"），抄读时通常到 $1m^3$；小于 $1m^3$ 的尾数均不抄读。

（1）指针读数

使用指针读数时，小位过零大位进数，小位不过大位退数。

（2）字轮读数

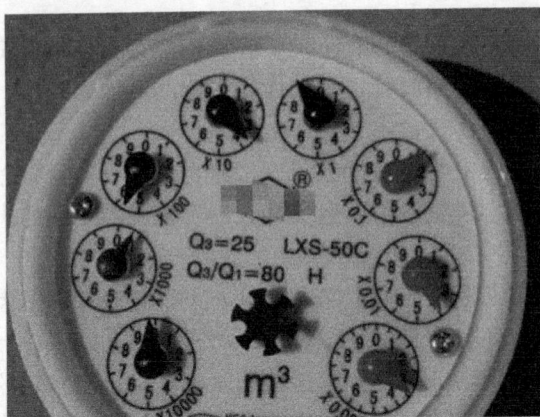

图 5-12　指针读数表盘图

使用字轮读数时，黑色字轮从右向左分别代表个位、十位、百位、千位……

注意：口径、类型不同，黑色字轮（指针）数量、位置也可能不同，读数方法也不同，某些水表表盘还印有×10等字样，在人工读取的时候要特别注意。

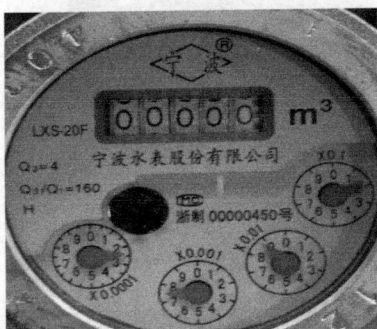

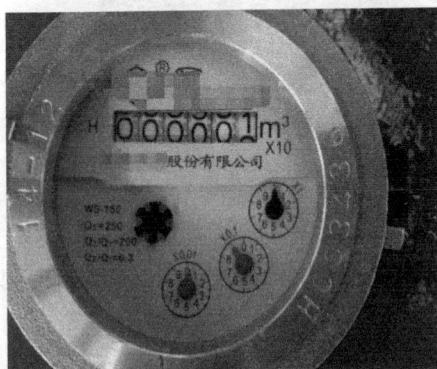

图 5-13　使用字轮读数的 4 种水表

（3）电子读数

使用电子读数时，直接读取小数点前的电子数值（包括累计流量、瞬时流量、反向流量等）。

图 5-14 使用电子读数的两种水表

第五节 水表的选用

1. 水表的选择

一般来说，水表的口径选择应尽量保持与水管口径的统一，对于水表类型的选择，基本上可以遵循以下的原则。

（1）小口径水表的选型原则

1）计量准确可靠；

2）适应水质条件；

3）结构简单、性价比高；

4）流量能力大、水头损失小；

5）抄读维护方便。

（2）大口径水表的选型原则

1）效益优先原则

选用水表时，更注重小流量性能还是大流量性能，主要决定实际用水情况。有些水表能多记录小流量的水量，有些水表可以减少大流量的漏记水量。最终要看加权误差值。供水企业可以在调查研究的基础上，统计提出几个用水企业的基本用水习惯，不同类型的用户有不同的用水量，以此作为水表选择、管理的依据。

2）多品种原则

应选用几种型式的水表，而非一种水表。要选对水表，装对地方且必要时调整，从而提高效益。

3）动态管理原则

要动态地根据实际用水量来选择水表。例：住宅区早期住户少，选用复式水表或垂直螺翼水表；住户增加后或经常有极大的用水量出现时换成水平螺翼式水表。

例：某大型寄宿性院校申请安装水表，假设申报时的水表为27000t/月，900t/日；经过初步查勘，附近有 $DN150$ 市政管道可以接水，参考垂直螺翼式水表和水平螺翼式水表的技术参数，结合申报时的用水量和高低峰谷交错的用水性质，安装 $DN80$ 的垂直螺翼式水表（$Q_3=63\text{m}^3/\text{h}$，$R=200$、$Q_1=0.32\text{m}^3/\text{h}$）完全可以满足用水计量需求，但经过一段时间的使用后发现实际的用水量及用水习惯和原来申报的有差异，因此我们需要根据实际的用水量对水表口径进行变更：

用水分析　　总量：　　23400t/月，780t/日

　　　　　　高峰　　4个小时　　用水量已知为80m³/h

　　　　　　次高峰　12个小时　用水量已知为35m³/h

　　　　　　低峰　　8个小时　　用水量已知为5m³/h

从以上数据我们可以看出，该用水单位的最高用水量 Q_3 为80m³/h，已经超出 DN80 垂直螺翼式水表的过载流量值 $Q_3 = 78.75$m³/h 和常用流量值 $Q_3 = 63$m³/h，属于高峰时段超负荷计量，长期使用较易引起水表磨损，导致计量失准。应该改用 DN100 的垂直螺翼式水表（$Q_3 = 100$m³/h、$R = 200$、$Q_1 = 0.5$m³/h），除了满足该院校用水量以外还能根据其用水习惯来进行准确计量。

垂直螺翼式大口径水表技术参数　　　　表 5-1

型号	公称口径 mm	常用流量 Q_3	过载流量 Q_4	Q_3/Q_1	Q_2/Q_1	分界流量 Q_2	最小流量 Q_1	最小读数	最大读数
		m³/h				m³/h		m³	
DN-50	50	40	50	200	1.6	0.32	0.2	0.0005	999,999
DN-80	80	63	78.75	200	1.6	0.5	0.32	0.0005	999,999
DN-100	100	100	125	200	1.6	0.8	0.5	0.0005	999,999
DN-150	150	250	312.5	200	1.6	2	1.25	0.005	9,999,999
DN-200	200	400	500	200	1.6	3.2	2	0.005	9,999,999

水平螺翼式大口径水表技术参数　　　　表 5-2

型号	公称口径 mm	常用流量 Q_3	过载流量 Q_4	Q_3/Q_1	Q_2/Q_1	分界流量 Q_2	最小流量 Q_1	最小读数	最大读数
		m³/h				m³/h		m³	
DN-50	50	63	78.75	200	1.6	0.5	0.32	0.0005	999,999
DN-80	80	100	125	200	1.6	0.8	0.5	0.0005	999,999
DN-100	100	160	200	200	1.6	1.28	0.8	0.0005	999,999
DN-150	150	400	500	200	1.6	3.2	2	0.005	9,999,999
DN-200	200	630	787.2	200	1.6	5	3.15	0.005	9,999,999

2. 水表的安装

（1）小口径水表安装要求

小口径水表应按其安装形式进行安装，标志有水平安装（H）的水表应水平安装（计数器字面水平朝上）。例：一般的旋翼式多流水表、旋翼式单流水表。

标志有垂直安装（V）的水表应垂直安装（字面朝上）。例：立式的水表。

没有安装标志的，可以水平—倾斜向上—垂直向上任意方向安装。例：旋转活塞式水表。

小口径水表安装不到位，主要影响到小流量的误差。这样，相当于降低了水表计量等级。

总体上对水表前后直管段没有什么要求。对单流水表要注意接管橡胶密封垫圈不要挤到孔径里面，否则，对误差影响较大。

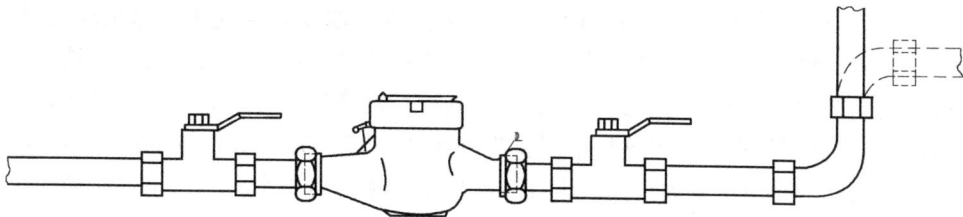

图 5-15 小口径水表安装示意图

（2）大口径水表安装要求

水表的上游和下游应安装必要的直管段或与其等效的水表整流器。直管段是指与水表同公称口径的直管，期间不包含阀门、缩节、伸缩器、过滤器、避振器、止回阀等。

通常，水平螺翼式水表所需的前后直管段长度为 U10D5、垂直螺翼式水表所需的前后直管段长度为 U5D3、流量计所需的前后直管段长度为 U15D5。对于由弯头或离心泵所引起的水流旋转情况，宜适当增加直管段的长度。直管段是指与水表同公称口径的直管，期间不包含阀门、缩节、伸缩器、过滤器、避振器、止回阀等。

水表前后应安装阀门，便于水表更换、维护。（对于水表前后直管段长度不足的）宜选用闸阀，正常通水时，阀门应保持全开状态。

新装及维修后的管道，清理石子、泥沙、麻丝等杂物后方可安装水表，以防水表损坏或故障。新装或更换水表后通水，应缓慢打开阀门，待管道空气排除后再完全开足阀门。

水表应在封闭满管道下使用。在水表计量管道直放水池的场合，可在管道出水口安装一个高于管道 0.5m 的鹅颈或将水表安装段下沉 0.5m，以保证水表在满灌状态下计量。

水平螺翼式水表上游处宜安装与水表口径一致的过滤器。

水表宜水平安装、字面朝上，箭头方向与水流方向相同。

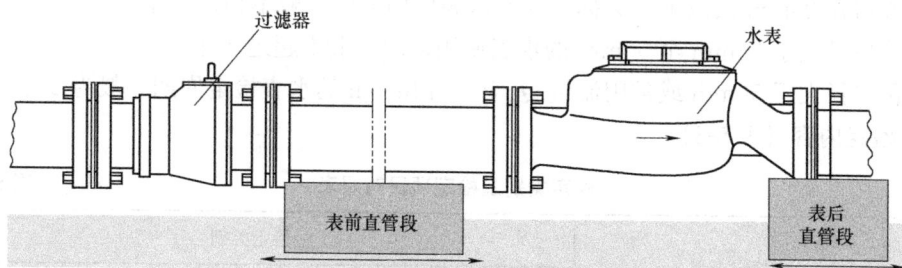

图 5-16 大口径水表安装示意图

第六节 水表的故障

1. 机件损坏

水表经过长时间的使用以后，内部的机件会发生各种故障，其中除水表本身的原因外，更多的是外来因素导致（如持续大水量的冲击、自来水中的污泥杂质堵塞等），造成水表停走或计量失准。对于此类的水表应及时发现，及时更换、维修。

2. 水表空转

造成水表空转的原因是水表后有空气＋水表前水压波动，空气压缩-膨胀，引起水流来回流经水表；楼房高、空房多、管道复杂；水表越来越灵敏房内水龙头越来越多、淋浴器内腔积气、二次供水改造等。其主要表现形式：始动指针正转一圈、倒转半圈，进2退1，循环往复、日积月累。对于这种情况首先在水表位设计时，水表与主管道的距离、水表与水表之间的间距应尽量远；其次设计二次供水和无负压供水时，水泵的启动频次低压力波动少；分水方式使扰动不直接作用于水表；再者主管道空气积聚点安装排气阀；指导居民室内定期排气。

3. 长期零度水表

部分城市的零度水表高达10％，其原因部分是空置房，部分是水表损坏（热水器热水倒灌引起水表机芯变形、杂物卡、偷水）；对于这种情况供水企业一方面可与电表用电量对接核查；另外也可以关闭阀门，等待用户来电话再处理（同时可预防空置户水表空转）。

第七节　水表的检定

1. 检定依据

首次检定：新水表安装前需经当地计量部门或授权单位检查合格。

到期轮换：安装使用到达规定期限后，新表换旧表。

周期检定：水表卸下来送检，合格可再使用2年，不合格淘汰。

2. 检定周期

对于标称口径小于或等于50mm、且常用流量 Q_3 不超过 $16m^3/h$ 的水表只作首次强制检定，限期使用，到期轮换。

标称口径25mm及以下的标称口径的水表使用期限一般不超过6年。

标称口径大于25mm至50mm的水表使用期限一般不超过4年。

标称口径大于50mm或常用流量 Q_3 超过 $16m^3/h$ 的水表检定周期一般为2年。

3. 检定内容（表5-3）

检定类别及检定项目对照表　　　　表5-3

序号	检定项目	检定类别		
		首次检定	后续检定	使用中检验
1	外观和功能检查	＋	＋	＋
2	密封性检查	＋	＋	－
3	示值误差检定	＋	＋	＋

注：① 表中"＋"号表示应检项目，"－"号表示可不检项目。

② 对使用期限内的标称口径小于或等于50mm且常用流量 Q_3 不超过 $16m^3/h$ 的水表，只进行使用中检验。

第八节　智能水表

1. 定义及术语

（1）互联网＋

"互联网＋"是创新 2.0 下的互联网发展的新业态，是知识社会创新 2.0 推动下的互联网形态演进及其催生的经济社会发展新形态。

（2）智能水表

智能水表是一种利用现代微电子技术、现代传感技术、智能 IC 卡技术对用水量进行计量并进行用水数据传递及结算交易的新型水表。智能水表除了可对用水量进行记录和电子显示外，还可以按照约定对用水量进行控制，并且自动完成阶梯水价的水费计算，同时可以进行用水数据存储的功能。

（3）通信协议

设备之间通信的一套标准化规则。

2. 分类

互联网＋智能水表可分为智能水表 1.0 和智能水表 2.0。

（1）智能水表 1.0

智能水表 1.0 产品是带指电子装置的机械水表，它的计量结构（即测量传感器）还是采用叶轮或旋转活塞式机械水表结构，通过机电转换装置将水表旋转量的机械信号转换为脉冲电信号或位置电信号，经嵌入式计算机的信号处理和通信接口的信号转换，可以将水计量测量数据通过网络传输至用户中心，实现数据远传，预付费用水和网络阀控等附加使用功能。

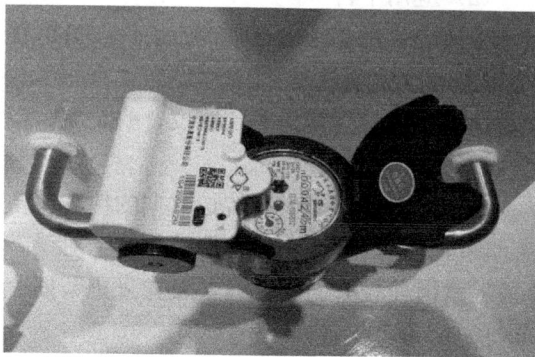

图 5-17　智能水表 1.0

（2）智能水表 2.0

智能水表 2.0 产品是指电子水表。它是与现代水流量传感技术和信号处理技术共同发展起来的一种新型水表产品，其计量结构通常采用无机械运动装置，具有电信号输出，压力损失小、测量范围宽、测量准确度高的特点。也可实现数据远传，预付费用水和网络阀控等附加使用功能，代表了今后水表产品技术的发展趋势和方向。

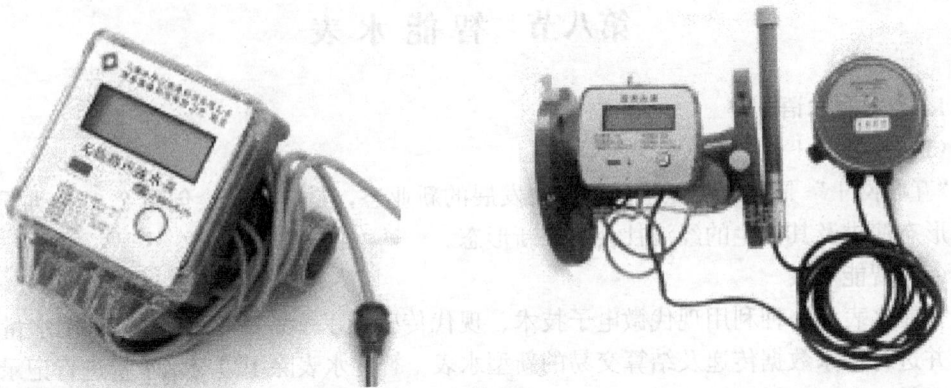

图 5-18　智能水表 2.0

3. 现状及应用

终端数据平台主要由三部分构成：基表、数据存储与通信系统、应用平台。

（1）基表

基表主要负责精确计量水量，并借助传感器对计量信息进行采集，实现对电信号的转化。基表由两部分构件组成：一是计量机，二是传感器。当前，常用基表借助水表计量机构相应的叶轮计量所通过的实际水量，叶轮旋转频率所记录的相关流量信息借助水表相应的指针、字轮等指示元件逐次进行显示。包含有相关流量信息的各类元件，诸如叶轮、字轮等，均属于计量元件。传感器负责采集计量元件呈现出的运动状况，并对计量信息进行转化，使之成为电信号。常用的传感器主要分为磁敏传感器、电感式传感器和直读式传感器。

（2）应用平台

平台主要由基础信息管理、硬件设备管理、数据分析展现等功能模块组成。

1）基础信息管理

基础信息管理是指平台对设备的类型、设备编号等基础信息进行管理和展现。

2）硬件设备管理

硬件设备是指向平台传送数据的传输设备和水表。

硬件设备管理模块的主要功能包括对设备与平台的连接和通信等进行管理，对硬件设备进行实时监控，向硬件设备发送采集数据命令等。

3）数据分析管理

平台提供了数据分析功能，主要包括设备信息展示、设备分布、用水分析、异常用水报警分析等模块。

4）插件管理

由于远传水表种类繁多，通信协议也各不相同，平台通过管理编解码插件将协议转化为统一的标准格式，实现对各种远传水表的兼容。

5）数据共享标准

平台根据接入系统的不同提供营收互通接口、调度互通接口、指挥大厅数据接口等。并制定针对公司的数据共享标准。

目前终端数据平台的结合云计算的技术特点实现分布式部署最大的优势在于 7×24 小时不间断服务和便捷灵活的系统扩容。通过大数据技术实现了水务海量数据的在线分析，实时掌握最新系统运行情况。

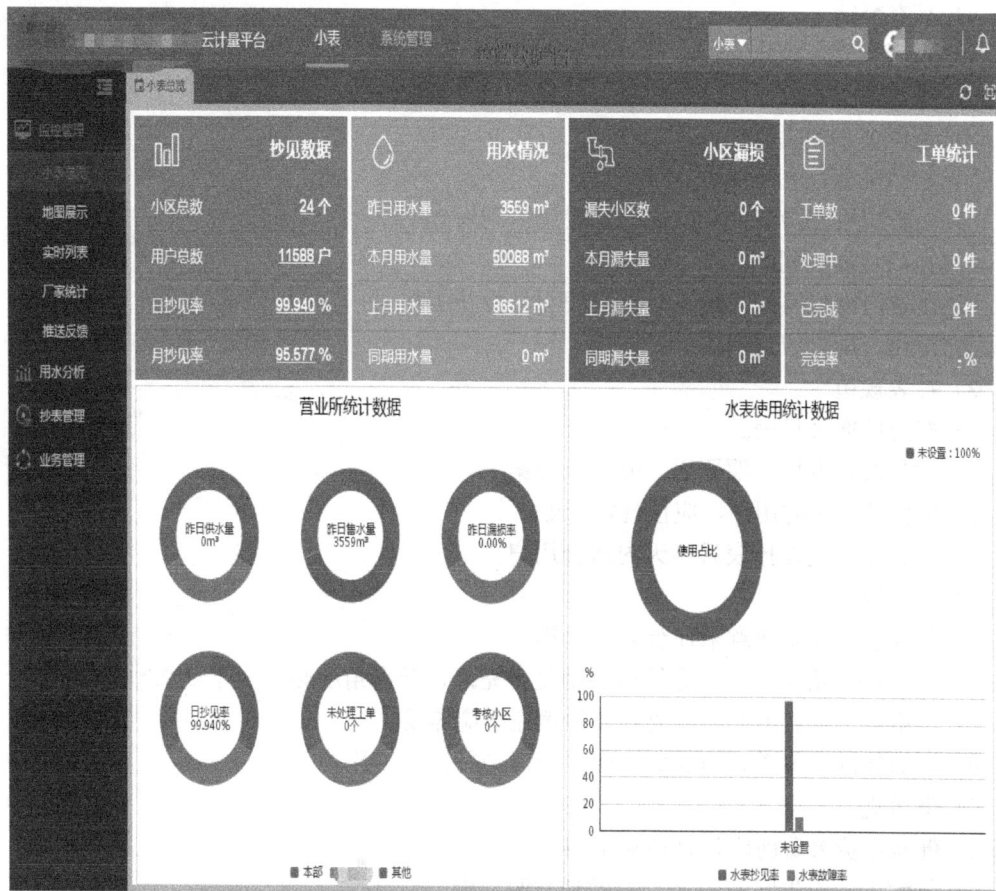

图 5-19 智能水表应用平台

第九节 抄表基础知识

1. 营销员抄表收费岗位服务规范

（1）抄表收费岗位服务规范

1）上岗必须佩戴服务标志，仪表大方，举止文明。

2）如果有需要当面通知用户，敲门轻重适度，主动表明身份来意，对用户开门配合应致谢，工作完毕，礼貌道别。

3）抄表到位，准确抄读，发现水表或水量有疑问，应对用户说明，并在表卡上或者抄表机上做好记录，按有关规定处理，水费账单发送到户。

4）抄好地下表后，应盖好箱（井）盖，确保行人，车辆安全。

5）催缴欠费，问清原因，耐心解释。收清欠费，当即给收据。

6）抄表收费不弄虚作假，不刁难用户，不要挟报复，不从中捞取好处。

（2）抄表收费岗位服务规范实施要求

1）仪表规范

a）衣着整洁。

b）仪表大方，举止文明。

c）佩戴服务标志。

d）使用统一的工作包。

2）敲门规范

a）一般应用手指节处敲门，轻重缓急恰到好处。

b）按门铃要有间隙。

c）在敲门或按门铃同时应向用户表明身份并招呼。

d）对用户配合应道谢。

3）抄表规范

a）努力抄准每只表。

b）对量高量低应查明原因，并记录在案。

c）须估计开账的用户，应按规定开账。

d）水费账单应在抄表后三天内送交用户。

4）安全规范

a）开启表箱盖要注意来往行人，车辆。

b）开启铁表箱盖时要注意铁箱插销是否完好，开启角度必须大于90℃。

c）表箱盖开启后不得中途离开，抄读完毕应盖妥。

d）对缺损的表箱盖，应做好记录，及时填写修配工作单。

5）催缴规范

a）催缴水费欠费前应认真核对资料。

b）催缴欠费应先问清原因，并做到文明礼貌。

c）收取现金应立即给收据。

6）行风规范

a）文明礼貌服务，对用户的意见、建议耐心听取，及时答复。

b）严禁在抄表中弄虚作假，捞取好处。

c）不以任何借口刁难、要挟、报复用户。

d）不以水谋私，不向用户吃拿卡要。

2. 水费账单

水费账单是自来水企业售水工作中计价收费的最基本依据，经收费部门盖章后作为自来水企业内部销账的依据，也是用户付费的原始凭证。一般根据自来水企业的使用实际要求，决定水费账单的格式和内容。

传统的水费普通账单一般采用"先销账后开票"的模式，根据各类不同缴费方式开具发票：1. 营业厅现金缴费用户，在确认缴费成功后，由营业服务人员打印水费普通发票，当场交予用户；2. 营业厅 POS 机刷卡缴费用户，在确认刷卡缴费成功后，由营业服务人员打印水费普通发票，当场交予用户；3. 一卡通代扣用户，经确认扣款成功后，由供水企业各营业所统一打印水费普通发票，分配给抄表员送票上门；4. 非增值税单位用户，在托收扣款成功后，供水企业开具发票再统一安排送递；5. 增值税单位用户，在托收扣款成功后，由供水企业各营业所统一打印增值税专用发票（自来水费）和水费普通发票（污水处理费），由用户上门领取。

其他缴费方式，包括银行现金缴费、支付宝及微信网上缴费、村邮站现金缴费，由各收费渠道提供缴费凭证，供水企业不开具水费普通发票；若用户需要水费普通发票的，携缴费凭证到供水企业营业厅换取。

水费发票现已进入"电子发票时代"，在倡导"低碳、环保"生活方式的同时，也为用户提供了方便。实行电子发票后，不再提供送票上门服务，用户通过供水企业官网、支付宝服务窗、微信公众号等渠道，经户号和户名或户号和手机号验证成功后，即可自行查询、下载、打印电子发票。与传统纸质发票相比，电子发票具有无纸化、低能耗、易保存、易查询等优点。实施电子发票后，需要开增值税专用发票的用户仍需到供水企业营业厅获取纸质发票。

3. 用水性质分类简号

（1）用水性质分类简号及其作用

简号是表卡上区别不同用水性质及各种用水类型的代号（即以某一简号代表某一用水性质），是售水量分类统计的手段，是制订售水量计划的可靠保证。

售水量：通过抄表计量，收费结算的方法而销售出去的自来水量。

用水性质：按用户用水基本用途通常分为生产用水、生活用水、市政用水、消防用水。

简号的作用是方便各种用水性质水量的汇总、统计与分析，同时，简号也是制订售水量计划不可缺少的原始证据，是指导企业生产建设和发展，确保用水供求需要的第一手资料，这些资料数据的提供能使企业对生产供求的现状进行观察，并为正确编制售水量计划和其执行情况，提供了必要的科学依据。

当然，售水量计划制订要力求符合实际情况，若售水量计划订得太高，水厂生产设备能力相应增加，而外界用户所需水量及压力大大低于公司的供应能力，设备能力过剩，水送不出去，实际水量大大低于计划水量，完不成售水量计划，造成人力、物力的浪费；若售水量计划订得太低，当用水高峰时外界用户所需水量及压力超过公司的供水能力就会出现大面积的低压区，服务供应也会出现许多问题，尽管年底售水量计划超额完成，但反应大，供应差。

（2）正确使用用水性质分类简号

统计工作是计划工作的基础，离开了正确的统计数据更无切实可行的计划可谈，错误的统计数据会对工作带来很大的危害，甚至比没有数据更糟，因为它制造某种假象欺骗人们，因此，要保证售水量分类统计资料的正确，必须正确使用用水性质分类简号。

抄表员应充分认识到用水性质分类简号的重要性，正确真实地使用用水分类简号，尤其是每天广泛接触用户，了解用户用水情况，发现用水性质变化，用水类型改变及时更正，才能有利于统计部门进行分类统计。

正确使用用水分类简号并不只是抄表员的事，其他有关部门同样要重视与注意。如申请接水装表部门的人员对申请户的用水性质在办理工作竣工时应正确填写，遇到用水转让办理过户或改变用水性质，经办人员也需及时更正。总之，与用水分类简号有关人员共同重视，相互配合是搞好这一工作的关键。

4. 表务工单

在抄表工作中抄表员经常会碰到一些当场无法解决而需要进一步处理或转其他部门解决的问题，由于问题的性质不同，情况不一，涉及面又广，故需根据各种具体情况填写有关工作单。工作单经摘录登记后，转交有关部门进行处理。

（1）表务工单分类

工作单的种类大致分以下几种：

1）拆换任务工单：包括周期性换表工单和故障换表工单。

2）复核任务工单：去现场进行复核时候的工单。

3）拆表任务工单：用户向营业部门申请办理销户，连续三个月以上不用水的用户，经调查确属不用水者，应开具拆表工作单，交内复登录后转有关部门去现场进行拆表。

4）拆表复接任务工单：去现场把已经拆除的表进行复接的工单。

拆换任务工单（周期性换表）　　　　　　　　　　表 5-4

打印时间：　　　　　任务号：　　　　　生成原因：

册号	111111	户号	1111111	水表口径	20
户名		张三		水表编号	11268625
用户地址		××小区×幢×号		水表类型	普通表
装表位置		联系电话	13000000000	联系人	张三
新表口径		新表编号		上次抄码	2595
换表日期		原表读数		换表人	

备注：年平均水量为×吨。

拆换任务工单（故障换表）　　　　　　　　　　表 5-5

打印时间：　　　　　任务号：　　　　　生成原因：　　污表（盘高）

册号	111111	户号	1111111	水表口径	40
户名		××××工程有限公司		水表编号	13001260
用户地址		××路×弄×号		水表类型	普通表
装表位置		联系电话	13000000000	联系人	张三
新表口径		新表编号		上次抄码	5543
换表日期		原表读数		换表人	

备注：年平均水量为×吨。

复核任务工单　　　　　　　　　　表 5-6

打印时间：　　　　　任务号：　　　　　复核原因：　　单户生成

册号	111111	户号	1111111	水表口径	20
户名		××××工程有限公司		水表编号	11210087
用户地址		××路×弄×号		缴费时间	

续表

装表位置	××路×弄×号		欠费金额	10285.56
上期行至	350	联系电话	本期水量	50
本期行至		复核时间	复核人	

拆表任务工单　　　　　　　　　　　　　　表 5-7

任务号：　　　　　　　　　　　　　　　　打印时间：

册号	111111	户号	1111111	拆表原因	销户
户名	×××工程有限公司			水表口径	50
用水地址	××路×弄×号			水表编号	14001217
装表位置	××路×弄×号			联系电话	
经办人		部门领导审批		公司领导审核	
换表日期		水表读数		换表人	

拆表复接任务工单　　　　　　　　　　　　表 5-8

打印时间：　　　　　　任务编号：　　　　　　复接原因：

册号	111111	户号	1111111	水表口径	40
户名	×××工程有限公司			水表编号	1F488136
用户地址	××路×弄×号			缴费时间	
装表位置	××路×弄×号			欠费金额	
上期行至	0	联系电话		本期水量	0
本期行至	0	复接时间		复接人	

（2）工作单填写和处理要求

1）工作单所列的内容均应填写清楚、齐全，不能误写或漏写。

2）各类工作单处理结束后，在处理情况栏中写明问题的症结及处理结果。

3）各类工作单应有处理期限规定（特列情况除外），对超期或延搁的，经管人负责催办。

4）各类工作单处理结束后，要及时注销、归档，做好保管工作。

第十节　水表的抄读

抄表在抄表员的日常工作中占了很大的比重，他们每天要接触广大的用户，抄表的正确与否、服务的好与坏会直接影响自来水企业在社会中的形象，所以抄表员一定要掌握好水表的正确抄读，特别要熟练地掌握好量高量低的判别和处理。

1. 抄表前的准备

抄表员外出抄表前，必须做好抄表的一切准备工作，上岗位前要穿着识别服，做到整洁适体，这是代表自来水企业职工精神文明的仪表外貌同时，随身携带好工作证件，随时接受用户对自己身份的查验。此外，还应在抄表前做好其他几方面的准备工作。

（1）抄表工具

抄表工具是抄表员在抄表过程中必须使用的工具，缺少任何一件工具都会影响抄表工作。因此，抄表工具要准备齐全，对使用的工具要经常进行检点。维修保养。

抄表工具包括：圆珠笔或铅笔、电筒、钩子、勺子、刷子、抄表包。

1）圆珠笔或铅笔

圆珠笔或铅笔是抄录抄表读数与开发水费账单的必备工具，圆珠笔一般使用有"AD"标志的笔芯，色度适宜，不易褪色。铅笔一般采用"HB"。

2）电筒

有些地下表安装较深，有些水表安装于光线较暗的室内，这都会影响抄表准确性，使用电筒可以解决光亮问题，保证抄表质量。

3）钩子

地下表装置于地面下，使用水表箱以保护水表，箱框上置有洞眼的箱盖，抄表时一定要用钩子才能开启箱盖抄表，所以钩子是抄地下表必备的工具。

4）勺子

有些地下表安装较深，水表箱内有积水或泥土淹没水表，要用勺子淘水挖泥后才可抄表，勺子是抄表的一件必备工具。

5）刷子

地下表常有泥灰淤积表面，必须使用刷子将表面揩擦清洁后抄表，有些表位很深，应将刷子柄接长后方可使用，一般视表位的深度确定刷子柄的长短。

6）抄表包

抄表包是放置抄表工具与抄表册等应用物品的工作包，在抄表工作结束后，应将抄表工具洗清揩干，并清点所有物品（包括抄表册），齐全后将其放入抄表包内，妥善保管。

（2）其他准备工作

除了以上几项抄表前必须做的准备工作外，有时有一些并非经常性的工作，在抄表前仍需注意。

1）外出抄表前应检查自行车的主要部件或者电动车的电量是否充足，如发现问题应及时修理，保证骑车安全。

2）对安装在室内、道边路口、经常门锁与表位堆没无法抄见的水表，抄表员应在抄表前先与用户取得联系，让用户做好抄表的配合工作，以便正确计量，及时发现表停、失灵、内部渗漏等问题。

3）如果使用表卡抄表的要及时更换写满的表卡，换卡时要将原卡上的用水资料及近三个月的抄表读数，用水量誊写到新卡上。使用手掌机或者手机抄表的，应在出发前检查电量是否充足，有无其他障碍，以免在抄表中发生状况导致抄表数据无法保存。

4）表卡上注报的各项检修养护以及其他工作，如尚未处理的，应查问原因，做好记录，发现工作单丢失的要立即补开，请有关部门进行办理。

2. 室外表的抄读

室外表又称地下表，是指水表安装在路面下，水表的四周用砖头砌成再安置水表箱，抄表时需打开表箱盖才能进行抄读。

室外表又分正常情况地下水表的抄读、堆没水表的抄读和水没水表的抄读，以下就此几种类型的水表抄读分别叙述之。

（1）正常情况下室外表的抄读

抄表员按照抄表日程表编排的抄表册进行抄读，不得自行选择抄表册提前或延迟抄表，到达抄表地点应按抄表卡排列顺序依次抄表。

首先，在开启水表表箱前要注意周围情况，表位在厂门口、弄口等要道的要注意来往车辆和行人，在建房修房工地抄表要注意上空坠物和地下尖利物。对围观的群众，特别是围观的小孩要耐心劝其离开，以保证抄表工作的安全，开启表箱时要集中精力，两腿分开站在表箱框外，对大的水泥箱盖可采用"移动法"慢慢开启，对铁箱盖应注意插销是否完好，箱盖开启的角度必须大于 $90°$，防止箱盖失去平衡翻倒压伤手脚。冰冻天撬表箱盖要防止碰伤，不要用力过猛，以防铁钩打滑、断裂。在掏挖水表时要先摸清表位周围的情况，防止损坏地下供电电缆，电话电缆等市政设施，避免触电事故。

抄读水表时，先要核对抄表卡上的记录，即表号、水表口径、表位和用水地址（单位要核对户名）等是否相符，尤其是第一次抄读该地区水表或一箱多表时更要仔细核对，防止张冠李戴错误的发生。

当所抄读的水表属于拆装（换）水表时，也要核对表号、水表口径、用水地址和表位是否相符，甚至要打开水龙头，当场校验水表。

核对工作结束后开始抄读水表，如水表的表面玻璃比较脏，可用刷子将表面刷清，抄读时要面对水表计量标志（如表面上的立方米或 m^3）方向站立，切勿斜看、倒看，否则容易抄错，抄读水表一律从左方高计量指针抄起，逐一抄读直至右方个位计量指针为止，一般水表红针的量不计，只作参考用。只求黑针抄读写齐。

抄读水表读数时要读准针位，特别要把握好关键针位。所谓"关键针位"就是该用户常用量的首位针。例如某用户常用量的幅度为 $350\sim450m^3$ 的话，那么百位针就是该用户的关键针。在关键针有偏差的情况下，可先分析指针偏差的百分比，一般情况抄码应向百分比小的读数靠拢。如某一指针读"1"快 40%，读"2"慢 60%，那么就应读"1"而不应读"2"。如指针误差 50% 或百分比无法确定，此时就需暂估用量，即过几天再抄一次，以日平均数推算月平均数，再确定抄读数，同时必须在备注栏中注明指针快慢百分比。

抄读好指针读数后，用抄表卡抄表的即将读数录入抄表卡上，一般有两种写录方法：一种是在表卡上从上往下写录，其计算用水量用倒减法，读数、月份从小到大看起来顺眼，但倒减法对人的心理不习惯。另一种是在表卡上由下向上写录，其计算用水量用顺减方法进行结算，此种方法对人的心理比较适应，至于采用何种写录方法可按照各地区沿袭的传统习惯而行。

用抄表机或者手机抄表软件抄表的，就直接输入读数即可。系统会自动对用水量进行计算。

（2）水没表处理

抄表时，经常会遇到水没表，所谓"水没表"是指表箱内所积存的水超过水表的表面，看不到水表读数，严重影响抄表员抄表，根据水的污染程度和积存量，有不同的抄读方法，常用的有以下几种处理方法：

1）隔水抄读法

当表箱内的水较清，能基本看清水表指针的方向和数字，此时，可采用隔水看的方法进行抄读。

2) 清除法

当表箱内的水很脏，水表安装较深，看不清水表指针，此时，就需采用勺子将污水舀尽，再用刷子将表面刷清，按正常水表抄读法进行抄读。

3) 避水法

用牛奶瓶、玻璃瓶或专用避水器套在水表表面，通过瓶底将脏水排挤掉，借用瓶底进行抄读。

4) 划水法

当水表的位置比较浅，表箱内的水虽有一定的浊度，但覆盖过表面并不很多，此时，用刷子在表面进行划水，利用划水后水表表面出现的瞬间进行抄读，此方法要经过反复划水才能正确抄见。

(3) 堆没表的处理

随着城市建设的不断发展，许多建筑材料常常堆放在人行道上，有时正好堆放在水表表箱上，也有一些工厂的废料及居民的杂物堆放在门外的水表箱上，使抄表员无法正常抄读水表，此时的水表称为堆没表，抄表时若遇到水表箱被堆没，要视堆没的情况分别进行处理。

当表箱被大量杂物堆没，当时无法抄见，则应开出延迟工作单，并及时与用户或有关部门联系，确定清除日期，改日再抄，并做好水表箱上严禁堆物的宣传工作。

若水表箱上面有少量堆物应及时设法清除，保证当场抄见。

室外表（地下表）抄读完毕后要将表箱盖放平盖好，对已损坏的影响操作、影响安全的表箱盖要及时填写修理工作单，报有关部门修理更换。

抄表工作结束后要检查抄表册和抄表工具是否齐全，抄表工作包要随身携带，特别要防止抄表册丢落。

3. 室内表的抄读

随着城市住房条件的不断改善，大批工房的新建而带来按室装表的增加（包括公寓大楼的改接），对这些水表的抄读除了按正常水表抄读方法外，还应注意以下几个方面：

1) 抄表前，要核对抄表册内表卡与门牌（即室号）是否相符，遇到屋内用户主动打招呼，说明来意，若门掩或房门关闭的，应按电铃或叩门示意，针对用户的不同情况，掌握叩门的轻重缓急，做到礼貌用语，得到用户认可，方能入内，切忌大声喧嚷，进入用户室内做到不影响室内清洁，不随意乱坐，不准翻动用户的东西。

2) 抄表时，要准确抄读，认真核对，抄表结束后，将用水量告诉用户，要耐心回答用户提出的问题。若该用户是新装表，第一次抄读时，则应现场核对表卡记录和实际是否相符，核对内容：用水地址、表号、口径以及水表是否倒装等。

3) 在抄表过程中若发现用户将杂物堆放在水表上影响抄表时，应向用户提出水表上不准堆物和注意保护水表。

第十一节　水　费　计　算

水量计算在抄表程序的三个环节（抄、算、发）中处于主要的一个环节。因为计费开账程序中计法复杂，算法繁琐，稍有疏忽极容易发生差错。要求抄表员在抄表计量过程中，能根据不同的用水性质和水表故障情况熟练运用各种计费开账的处理方法，确保计费开账合理、公平。

自来水的计量单位为立方米，不论水表口径的大小，表面上都有 M^3 或 m^3 计量单位的标志。本次水表读数减去上次水表读数之差称作用水量，用水量乘以单价即为水费。

抄表员在计费开账时，经常会遇到以下几种情况。

1. 三没表计费处理方法

三没表包括水没表、堆没表和门闭表。

抄表遇到三没表时，凡经努力能当场抄见的，一定要当场抄见，将其抄码记录在表卡上，计算用水量，结算金额。

经努力不能当场抄见的，有两种计费开账方法：

1）可以估计开账。在抄表过程中遇到堆没表、水没表、门闭表等估量问题，抄表员必须与用户协商后才能对水量采取估计开账。一般估计的方法是按上月用水量、去年同期用水量或最近三个月的平均值进行开账，如气温或其他特殊原因征得用户同意后，其估量可予酌情略高或稍低，但不得小于起点数的限量，另外估计次数不得连续超过两次。

举例：

日期	抄码	用水量（m^3）	备注
4 月 5 日	0785	60	
5 月 5 日	0850	65	
6 月 5 日	0915	65	堆没估计
7 月 5 日	0980	65	堆没估计
8 月 5 日	1050	70	

注：8 月 5 日为抄见用量。

2）报延迟开账。抄表时遇三没表，经努力不能当场抄见的应开具延迟工作单，并向用户做好解释工作，以减少"三来"（来电来信来访）反映。

延迟工作单处理期限为七天，在七天中抄见水表读数的要使用日均量月计费的方法开账。

日均量月计费开账公式见式（5-2）：

$$Q = \frac{m}{t} \cdot T \qquad (5-2)$$

式中　Q——应开发的用水量；

　　　m——水表抄读累计水量；

　　　t——水表累计水量的天数；

　　　T——本月应计算的天数。

【例】	抄表日期	抄码	用水量	备注
	3 月 5 日	1000	280	
	4 月 5 日	1290	290	
	5 月 5 日			三没表（水没、堆没、门闭）报延迟
	5 月 10 日	1640	350	

代入式（5-2）得：

$$Q = \frac{350}{35} \times 30 = 300$$

本月应开发 300m³，表卡上抄码应为 1590，用水量 300m³。

在七天处理期限中若不能抄见水表，需估计开账，则应在备注栏上注明估计原因。

2. 定期换表的水量计算法

水表与其他仪表一样，在一定的条件下运行，有个使用的期限，在这个期限内水表的走率记录能保持正常（除外来因素外），当超过使用期限，其准确性就会影响。

水表机件长期浸泡在水中，会受到相应的腐蚀，加上持久的运走，机件不断磨损等原因，会使水表的走率逐渐失去准确性，计量不准会损害用户或自来水企业的利益，所以要对不同口径的水表规定一个使用期限，超期则进行换表，定期换表是自来水企业贯彻计量法，体现买卖公平的具体措施之一。

定期换表的水量计算方法一般与正常水表计算法相同，只不过它将一个月的水量分成两部分来计算，其公式如式（5-3）：

$$Q = m + M \tag{5-3}$$

式中　Q——应开发的用水量；

　　　m——定期换表时抄读的旧表用水量；

　　　M——新换水表抄读的用水量。

【例】　抄表日期　抄码　用水量　备注

2月5日　　　0800　　300

3月5日　　　1090　　290

3月20日　　1240　　150

3月20日　　0000　　310　　　　定期换表

4月4日　　　0160　　160

代入式（5-3）：

$$Q = 150 + 160 = 310$$

本月应以 310m³ 开账。

3. 故障表换表水量计算法

水表装用后，会发生各种故障，其中有水表本身的原因，也有外来因素，造成水表故障。常见的故障有：水表停走、指针失灵、倒装、指针脱落、小流量指针不走、表面玻璃碎裂等。这些故障会影响水表的计量。因此对于故障水表要进行调换，并要正确计算出水量。一般的故障表常用的计算方法有估计水量法和新表平均计量法。

（1）估计水量法

此种计算法与三没表估计开账的方法相同，即按上月用水量，去年同期用水量或最近三个月用水量的平均值进行开账，此种方法适用于用水情况较稳定的用户。

【例】　抄表日期　　　抄码　　　用水量　　　备注

　　　　2月3日　　　1253　　　203

　　　　3月3日　　　1468　　　215

　　　　4月3日　　　(1488)　　215　　　　表停，按上月水量估计

注：事后须开具故障换表单。

（2）新表平均计量法

抄表时发现水表故障，应在表卡上备注栏中注明，同时需开具延迟工作单和故障换表工作单。

新表平均计量法见式（5-4）：

$$Q_{开} = \frac{m}{t} \cdot T + m \qquad (5\text{-}4)$$

式中　$Q_{开}$——应开发的用水量；

　　　m——新表抄读水量；

　　　t——新表安装天数；

　　　T——需估计的天数。

【例】

抄表日期	抄码	用水量	备注
3月4日	2000	500	
4月5日	2200	550	表停估计
4月10日	2200	100	
4月10日	0000	—	600
5月5日	0500	500	

代入式 5-4 得：　　$Q_{开} = \frac{m}{t} \cdot T + m = \frac{500}{25} \times 5 + 500 = 600 \text{m}^3$

注：在运算过程中（500÷25×5）按四舍五入计算。

很清楚，遇到当月换的故障表，只要用新表用量除以新表使用的天数乘以所缺的天数，然后把新表用量和补足量相加即可。

故障表换表水量计算过程中，新表用水的天数是关键，"天数"计算不正确，就会造成计费开账的差错。

4. 水表快慢退补计算法

任何水表都有计量正确度的标准，但各地区所规定的标准可能不一样。如果超过规定标准，则按其快慢率百分比向用户办理补水费的手续。根据规定，退还水费的计算期最多不超过三个月；补收水费以一个月为限。

代入式（5-5）：

$$Q = \frac{m}{1 + x\%} - m \qquad (5\text{-}5)$$

式中　Q——应退或补的水量；

　　　m——原水量总和；

　　　x——快、慢百分比。

应用式（5-5）时应注意：

当表快时，式 5-5 中"1"和"$x\%$"应用"＋"号，即 $1 + x\%$。当表慢时公式中 $1 + x\%$ 应用"－"号，即 $1 - x\%$ 计算结果为正数时应补收水量，若为负数时应退还水量。

【例1】　某用户最近三个月用水量总和为 500m^3，该表经校验快 20%，问，应退还用户多少水量？

解：
$$Q = \frac{m}{1+x\%} - m = \frac{500}{1+20\%} - 500 = -83 \text{m}^3$$

答：应退还用户水量 83m³。

【例2】 某用户校表前一个月的水量为 260m³，该表经过校验慢 20%，问，应向用户补收多少水量？

解：
$$Q = \frac{m}{1+x\%} - m$$
$$= \frac{260}{1-20\%} - 260$$
$$= 65 \text{m}^3$$

答：应向用户补收 65m³ 水量。

第十二节　水费评估、复核及开账

1. 水费评估

用水户通过水表用水，由水表记录用水量。由于用户用水性质、用水设备的差异，各自的耗水量也有很大的差异。一般的抄表评估系统都会设置好公式对用户本期的用水量进行评估，凡是合理范围的用水量都属于评估正常。

当然也存在用水量超过正常范围的用户。不论属于何种用水性质的用户，总有自己的正常的用水规律，所以抄表员要掌握各类用户的用水规律，以便能及时发现问题，尽快解决用户在用水中出现的问题，另外，还应了解水表的性能，因为由于水表本身的原因，有时也会出现量高量低等问题，这样才能提高抄表质量，减少用户的投诉。

量高量低是指用水户本期的用水量与年平均的用水量相比有较大幅度的增减，超出正常的用水范围。

量高量低要查明原因，并做好宣传节约用水工作，估计水量要说明理由和依据，与用户协商解决。

（1）量高量低的判别

量高量低的判别应从以下几个方面考虑。

1）用水天数

用水天数是指上期抄表日至本期抄表日的天数，因用水天数的增减就会造成水量的增减。

2）用水性质

用水性质的变化会引起用水量的增减，如生活用水改为生产用水，或生产用水改变为生活用水。

3）气候变化

气温和季节的变化，会造成用水量的增减。

4）多表用水

有些用户采用两表馈通或多表馈通用水，由于各表进水压力的差异会引起水表用量偏高或偏低的现象。

5）地区水压变化

地区管网的水压增高或降低会影响用户用水量的增减。

6）水表走率

表快、表慢或失灵等水表问题，会引起用水量的变化。

7）水表的抄、算

抄读水表时若发生读错读数的现象或者上项与下项读数减错时会造成用水量的增减。一般来说，用水量增减的幅度是判别量高、量低最基本的依据，一般应控制在正常幅度的30％左右。

（2）量高量低处理程序

量高量低除了以上几个方面进行判别外，具体的处理程序如下：

1）反复核对抄码（读数）。

2）核对抄表册上的各项数据。

3）观察水表：

a）观察有无走动：不用水时水表不走，说明无漏水；用水时水表不走，说明水表停走。

b）时走时停：说明抽水马桶漏水或者水表机芯有问题。

c）缓慢走动：说明用户龙头滴水，抽水马桶刚抽过正在进水或地管渗漏。

d）快速走动：说明用户正在用水、地管大漏、抽水马桶严重漏水

4）用抄表的铁钩或铁棒轻击水表，检测水表指针有无松动。

5）询问用户，进一步了解用户内部用水有否变化。

在处理量高量低的过程中常常见到抽水马桶漏水。其漏水的主要原因有：

a）水箱内的橡皮球塞有裂缝或球塞不圆，造成球塞与球座不相吻合。

b）浮球有裂缝形成球内积水，浮球浮不起来，起不了关闭进水阀的作用。

c）溢水管有裂缝或松动，在正常情况下，水箱内的水面要低于溢水口，如果与溢水口平齐时，白天往往看不出水溢入溢水口，晚上水压升高，水就会溢入溢水口。

检查抽水马桶漏水的方法：

a）直接观察有无渗漏。

b）加滴墨水进行观察。

c）采取听漏法进行检查。

d）停止用水片刻水表仍走，此时关闭抽水马桶进水阀门，若表停说明抽水马桶漏水，若表仍走则可能用户内部水管漏水或水表问题。

（3）量高量低的原因

除了以上对量高量低的判别和处理程序外，还有一个方面要求抄表员掌握的，那就是引起量高量低的原因。

1）量高原因：

a）生活用水方面：人口增加；用水设备增加；困难用水改善；漏水；曾漏过水已修好；地区水压提高；用水性质改变；总表（里弄）内开办加工厂或食堂；水表失灵；私人小水表灵敏度不高；其他原因。

b）工业生产用水方面：生产任务增加；生产品种改变；生产班次增加；新建或扩建

车间；增添用水设备；增添生活用水设施；漏水；使用降温设备；产品质量提高；深井回灌；水表失灵；其他原因。

量高原因中除了漏水和水表失灵外都可以通过向用户了解得出结论的，如用户用水仍和往常一样，没有多用水的因素，就应该考虑查漏。

2）量低原因

a）生活用水方面：人口减少；水力不足；节约用水；漏水修好；开关关小；空屋；装小水表；水表失灵或停走；给水站改变用水方式；其他原因。

b）工业生产用水方面：任务或班次减少；产品品种改变；节水措施到位；水力不足；漏水修复；加添新表；改变工艺流程；浴室开放时间减少；检修设备或停产；计划用水；工厂性质调整；水表停走或失灵；开用消防水；其他原因。

3）产生量高量低的其他因素

量高量低的产生不仅是以上所述的各种原因，还有其他因素的影响也会造成。

如生活用水量随着季节、气候的变化而增减，以宁波地区为例，每年五月份开始气温上升，其用水量也随之增加；十月份以后，气温逐渐降低，其水量也相应减少。这种用水量的增减是正常的，也是符合用水规律的，除非用水量超出平均增减幅度较大时，才作量高量低的问题处理。

营业用水、公共建筑用水以及其他非生活用水（如熟水店、浴室、学校、游泳池），其用水规律有它自己的特殊性，以学校为例，在暑假、寒假期间，无特殊用水情况而用水量不下降，则应作为量高处理。

还有，有些总表内部用户自装小水表，往往会发生总表和小水表之间的用水量差额，从而造成量高、量低的现象。产生这种现象的原因有：总水表内和小水表外的水管漏水；部分小水表失灵；总水表失灵；某些龙头或用水设备不经过小表；部分小水表户贪小滴水。

在确定差额多少时应先同时抄读总表和所有小水表，并隔几天再抄读一次，求出总表用量和小表用量之差，确定存在的问题后再进行检查。

抄表员处理了量高量低后所得出的结果，应在表卡的备注栏上简要注明，如用水性质变动，应及时上报，使抄表质量得以保证。

2. 水费复核

任何产品都有质量鉴定的规定，在出厂前都要进行质量检查，抄表工作也是这样。抄表得到的数据的复核是指抄表工作结束后对抄表质量进行一次全面的复查。要求抄表员和内、外复人员严格按照复核的要求和规定进行检查，使抄表的工作质量不断提高。

抄表结束后，为保证抄表质量，应对抄表册中全部表卡逐页进行复查，发现问题时应开具不同的工作单，进行再处理，此整个过程称为复核。复核又分为抄表员自复、业务管理部门的内复、外复。

（1）内复

内复又称内部复查，是抄表质量把关的关键人员，其主要职责是对抄表结束后抄表册内所有的表卡进行全面质量复查，包括现场处理问题的质量，转发有关部门工作单的质量以及有关资料记录的质量等。内复人员的业务水准的好坏与抄表质量的提高有着密切的关系，一般担任内复的人员要求有多年的抄表工作经验，熟悉管辖区域内水表分布情况，各类水表的性能，具有处理抄表工作中疑难问题的技能。

内复的具体工作内容，如果是核对传统人工表卡，就要做到以下几点：

1）对抄表卡逐张复核，检查抄码是否减错、金额是否结算错、用水量是否符合正常规律；

2）检查抄表员在抄表卡备注栏上所注的处理情况是否确切；

3）检查抄表员对各类工作单的填写和处理是否正确；

4）检查抄表卡上用水资料的内容填写得是否完整清楚；

5）对水表数统计、水表分类的填写是否有遗漏、写错；

6）对所复核的抄表册数与抄表日程表上安排的册数检查是否相符；

7）核对调换抄表卡（册）后新、旧表卡记录是否相符，并在旧抄表卡（册）上签名取下旧卡（册）；

8）检查抄表册内的表卡是否完好，破损的是否修补好；

9）核查水表口径与用水量是否相称，发现大表小用量或小表大用量应开具复核工作单转有关部门处理；

10）在复核工作中发现疑问应开具复核工作单交抄表员或外复进行现场检查；

11）复核后对经管的各项资料按类摘录、登记、统计、销号、汇总；

12）填写有关抄表业务的各项统计管理报表。

如果是电脑系统内复，设定好可以正常通过的条件，有异议无法正常通过的数据再进行人工核对，达到通过条件的可以强行通过，否则转外复进行现场检查。

（2）外复

外复又称外部复查，其主要职责是根据内复摘出的复核工作单进行现场复查、核实，并负责处理用户"三来"（来电、来信、来访）所反映的问题，检查抄表员的抄表质量和服务质量。

外复是抄表员抄表后第二次为用户服务，是抄表质量的把关人员。外复与内复一样，其业务水平的高低与抄表质量的提高有着密切的关系，一般有多年抄表经验，熟悉管辖区域内水表分布情况和各类水表性能，能熟练运用自来水企业的营业章程，有独立工作能力等资历的人方可胜任。

外复的具体工作内容：

1）外复人员应对抄表员在抄表工作中提出的要求换表等问题进行现场复查，并根据实际情况估计水量；

2）根据内复要求对抄表员处理不妥的问题进行复查处理；

3）对用户的"三来"（来信、来电、来访）反映，到现场核实处理；

4）对抄表员的抄表、发抄告单、服务质量进行经常性或突击性的质量抽查；

5）对抄表员的工作质量、服务态度做好工作记录，在评议考核中提出意见；

6）协助柜台做好漏水减免的现场调查，并提出处理意见；

7）对处理完毕的各类工作单及时转交内复销号、归档。

3. 水费开账

（1）传统人工开账处理方法

抄表过程结束之后，经过内部复核，将同一次所抄读的抄表簿随同账单存根联，包括未开发的账单和延迟账单情况记录表交开账人员。

人工开账操作顺序如下：

1）打抄表簿用水量誊录单

每本抄表簿以逐张抄表卡，按不同简号、水价分类，用电子计算器打录用水量誊录单，按分类用水量计价，再加上附加费，得出全部应开金额数。

2）打水费账单金额誊录单

按每本账单存根联（存根联的排列程序应和表册、卡一致），逐张将存根联上的金额用电子计算器打入金额誊录单，其总和与水量誊录单的应开金额数核对一致。如有差异应逐张核对，找出症结及时纠正。

3）核对表数和账单存根联张数

将账单存根联张数，未开发账单张数和延迟账单情况记录表上表数相加，其总数应和抄表册扉页水表分类卡上水表数相等（即整本抄表册的表数）。

4）填写报表

按每本抄表删填写分类水费计数通知单和开账数分类日报表，延迟账单处理后的开账：

以延迟工作单代抄表卡并附账单存根联，按上述要求同样打录用水量和金额誊录单填入分类水费计数通知单，但次数与正常账单有区别，立专用次数。跨月处理好的延迟账单列入跨入月份的专用次。

（2）计算机营业系统开账方法

抄表人员每天抄表后的数据导入营业系统后，经过内部复核人员质量复核，即可进入开账环节进行开账处理。水费开账主要工作是将抄表来的用户抄码数据由计算机自动完成不同的水费金额结算，统计各种抄表数量和质量数据，统计售水量分类数据，并打印水费账单。

计算机运用以下式（5-6）和式（5-7），分别对导入系统并且通过复核的抄表数据总水量和总金额进行核对。

$$\sum 本期抄码 - \sum 上期抄码 = \sum 本期水量 \qquad (5\text{-}6)$$
$$\sum 总金额 = \sum 总水量 \times 各类单价 + \sum 附加费 \qquad (5\text{-}7)$$

以上两式中，任何一个不成立，程序即自动逐户查找出错用户，并提供修改机会，这一过程可反复进行，保证用户水费开账绝对正确。

计算机的开账功能代替了原有手工三部分工作：

1）复核人员抄码、水量、金额复核和抄表质量、统计工作。

2）用会人员的誊录单的工作，即俗称开账拉长条子工作。

3）抄表人员的水费账单开发工作。

第十三节　水费账单的送发和水费的催缴

1. 水费账单的送发

水费账单的送发和水费的催缴是整个抄表程序（抄、算、发）的最后一个环节，水费账单送发到位与否，会直接影响自来水企业水费的回收，也会影响催缴工作，要求抄表员准确送发好水费账单并及时做好催缴工作。

水费账单是自来水企业收费、用户付费的原始凭证，是水费销账的依据。因此及时准确送发好账单是保证用户及时付费、自来水企业水费及时回收的重要一环。

（1）送发账单的方式

1）发放抄告单的供水企业，可在抄表时当即将抄告单开好交给用户。采用微机处理水费账务的，抄表后由微机进行处理并打印出账单，然后交抄表员送交用户；目前比较先进的账单推送是支付宝微信的水费账单推送服务，方便用户获知本期水费的抄见数并在月底查阅缴纳水费情况。

2）由用户自行向银行设立的公用事业费代收点或自来水企业门市付费的，其账单直接交用户。实行上门收费的，抄表时先送发本月用水量和水费金额的通知，几天后，由专人上门收费并将账单的收据交给用户。

3）对实行托收无承付由银行直接划款的企事业单位，其账单不须交用户，账单的收据联由银行转给用户。

4）实现电子账单的供水企业，用户缴费后可以自行在微信、支付宝和供水企业官方网站打印电子发票。

（2）送发账单的要求

账单的送发有直接交送和邮寄两种，但都必须做好及时、准确、妥善。

1）直接送交。应将账单直接送给用户或用户代表，也可插入门内或投入信箱内；

2）邮寄账单。应正确清晰写明用户的地址、邮政编码，属企事业单位的，还应写上户名。

2. 水费的催缴

水费的催缴是对超过付款期限而尚未付款的用户催促其付款的过程，是保证水费回收的一项重要工作。

（1）水费催缴方式

传统催缴方式包括，上门张贴催缴单、电话催缴、短信催缴等。新型的催缴方式包括支付宝微信的水费账单推送服务，方便用户获知本期水费的抄见数并在月底查阅缴纳水费情况。

（2）水费催缴注意事项

1）负责调取欠费信息的工作人员要准确及时提供用户欠费的资料，一般包括用水地址、户名、欠费金额、欠费月份；

2）催缴人员对欠费资料要进行核对，避免差错；

3）人工当面催缴时应注意的问题：

a）首先对用户要文明礼貌，态度和气，要注意方法；

b）核对欠费情况，弄清欠费原因；

c）对因故确未付款的应催促其尽快付款。对故意拖欠水费的用户应根据自来水企业的规章制度，向其说明，但以说服教育为主。对个别因用户内部原因则坚持不肯付款的，应向领导汇报，再根据有关规定处理；

d）对用户已付款而公司尚未收到的，应从用户的付款收据中摘录其付款日期、收款单位、收款人，及时向有关方面查询；

e）催缴时用户将现金交催缴人员代付的，催缴员应立即将盖有收讫章的收据交用户。

思 考 题

1. 自来水企业抄表收费岗位的服务规范是什么？

2. 自来水企业中水费账单有何作用？

3. 简述用水分类简号及其作用？

4. 表务工单大致有哪几种？

5. 抄表前应做哪些准备工作？简要说明。

6. 水没表的处理一般来说有哪些方法？

7. 阐明抄表遇到"三没表"（水没表、堆没表、门闭表），经努力不能当场抄见时的两种计费开账方法。

8. 定期换表的水量如何计算？举例说明。

9. 故障换表水量计算的关键是什么？

10. 某用户最近的用水量分别为 440m、450m、500m、550m，该表经过校验快 12%，问应退还用户多少水量？

11. 某用户最近三个月的总水量为 125m，该表经过校验快 25%，问应退还用户多少水量？

12. 某用户校表前几个月的水量分别为 90m、80m、75m，该表经校验慢 25%，问应向用户补收多少水量？

13. 量高量低的判别应从几个方面考虑？

14. 简述内复的工作内容。

15. 阐明外复的具体工作内容。

16. 送发水费账单的要求是什么？

17. 传统催缴方式和新型的催缴方式各包括哪些方式？

18. 根据下面的描述回答问题。

某大型工厂申请安装水表用于生产用水，假设申报时的用水需求为 36000 吨/月，1200 吨/日；集中用水时间为 10 小时/日，其余时间用水由其他水表进行计量，经过初步查勘，附近有 DN150 市政管道可以接水，依据申报时的用水量和集中用水的性质，安装了 DN100 的水平螺翼式水表（$Q_3=160m^3/h$、$R=200$、$Q_1=0.8m^3/h$），经过一段时间的使用后，其用水量发生了变化，情况如下：

用水分析	总量：	45000t/月，1500t/日
高峰	8 个小时	用水量已知为 165m³/h
次高峰	2 个小时	用水量已知为 90m³/h
低峰	无	

问：

a）按照申报时的用水量和用水性质，初次安装的水表口径和类型是否合理？

b）用水量发生变化后，是否需要更换水表口径和类型，应选择何种口径和类型？

第六章

会计学原理与水费

第一节　会计学原理

本节概述了会计的涵义、特征及基本职能、会计核算的基础、会计的基本前提和原则、会计要素及会计等式及会计法规体系等会计的基本理论。

1. 会计的概述

（1）会计的涵义

在通俗的认识中，会计就是记账、算账、报账的代名词。随着社会经济发展变化，人们对会计的认识也不断发生了变化，国内外的学术界历来对"会计"一词的含义有不同的理解。通过会计的特点、职能来认识会计的本质，归纳总结会计的涵义：会计是以货币为计量尺度，采用专门方法和程序，对会计主体（包括企业、事业、机关团体等单位）的经济活动进行完整、连续、系统、综合的反映和监督，形成高度有效的经济信息，向有关会计信息需求者提供决策有用的信息系统。

（2）会计的特征

1）以货币为主要的计量单位。在商品经济条件下，货币是商品的一般等价物，具有衡量商品的价值尺度。任何经济活动都要采用统一的货币作为计量尺度，才能对经济活动的各个方面进行全面、系统、连续的综合核算和监督。

2）会计核算具有全面性、连续性、系统性和综合性。全面性表现在会计对所发生的经济活动进行全面反映和监督，连续性表现在会计按照经济活动发生的时间，自始至终地如实反映，不允许选择性的反映，系统性表现在会计对发生的经济活动进行科学的取得、加工、整理、分类，不能任意堆砌，杂乱无章。

3）以真实、合法的会计凭证为依据。会计凭证是经济活动最直接、真实的书面依据。会计要取得或填制凭证，要依据会计准则对凭证的合法性和合理性审核无误后，才能编制记账凭证，登记入账。

4）会计核算有一套科学的专门方法。会计核算在其发展过程中形成了一套完整的专门技术方法。例如，会计核算由设置账户、复式记账、填制和审核会计凭证、登记账簿、编制会计报表等专门的技术方法，组成了一个有机的方法体系。

（3）会计的基本职能

会计的职能是会计自身固有的必备功能，在经济管理活动中功能和作用随着会计的产生而产生，随着社会经济的发展、经济关系的变化，会计职能也随之产生变化，一些新的观点不断涌现，比如会计除了核算和监督的基本职能之外，还有评价业绩、预测经济前景、参与经济决策等各种职能。以下主要介绍会计的基本职能：会计核算和会计监督。

1）会计核算

会计核算是指会计对特定的对象（会计主体）所发生的经济活动，以货币作为计量单位进行描述表达，从数量价值上反映经济活动的情况并提供给会计信息使用者，以便作为决策依据。因此，会计核算职能也是反映职能，它始终贯穿于经济活动的全过程，包括对经济活动的事前、事中、事后核算。

2）会计监督

会计监督是指会计按照一定的目的和要求，在会计核算的基础上，对会计核算提供的信息进行监督审查，对会计主体的经济活动进行控制和指导，使之达到预期目标的职能。会计核算提供各种核算指标，如资产、负债、所有者权益、收入、费用、利润等，会计监督就利用这些会计数据对其合法性、合理性、真实性进行审查，它要求各项经济业务必须遵守国家的财政、财务制度，同时还要遵守企业的经营决策和方向。

会计核算和会计监督是相辅相成，联系紧密不可分割。会计核算是会计监督的基础，没有会计核算提供的数据，会计监督就没有客观的依据。而会计监督是会计核算的有力保证，如果只有核算而没有监督，那么会计核算也失去了意义，难以保证会计核算提供信息的真实、可靠，经济活动的风险不能有效控制。因此，两者必须有效地结合起来，才能正确、及时、完整地反映经济活动，为经济活动提供支持。

（4）会计的对象及目标

会计核算和会计监督的内容就是会计的对象。会计核算的对象是以货币为表现形式进行会计核算和会计监督的经济活动，这种经济活动又被称为资金运动或价值运动。资金运动包括特定对象的资金投入、资金运用（周转和循环）和资金退出等过程，具体到各个会计主体又是不同的。不同的会计主体，其经济活动及其资金运动也并不相同。

会计目标也就是财务会计报告的目标，是会计最基本的理论内容，是经济管理中的总目标。在市场经济条件下，会计目标是在会计职能的范围内，在经济活动中获取经济利益最大化，是会计职能的具体化。我国《企业会计准则-基本准则》规定：财务会计报告的目标是向财务会计报告使用者提供与企业财务状况、经营成果和现金流量等有关的会计信息，反映企业管理管理层受托责任履约情况，有助于财务会计报告使用者做出经济决策。会计准则对会计目标的表述，体现了会计目标的决策有用观和受托责任观互相融合协调。

2. 会计核算的基础

会计基础所明确的是会计核算的基准。在会计核算中可以以本期现款的收到和支出作为基准来确认本期收入和费用，也可以以本期获得的权利和发生的义务作为基准来确认本期的收入和费用，为此形成了权责发生制和收付实现制两种会计基础。

（1）权责发生制

权责发生制也称应收应付制，是企业按收入和费用的实际发生作为确认本期收入和费用的基准。凡是本期实现的收入和本期发生的费用，不论其是否已收到和支付现款，也不论其何时收到和支付现款，均作为本期实现的收入和费用；凡不属于本期实现的收入和本期发生的费用，即使在本期已收到和支付现款，也不作为本期的收入和本期发生的费用。采用权责发生制的会计核算，一般会出现预收、预付、应收、应付等科目，期末还要进行必要的账目调整，划分归属期，以便准确计算各期的收入、费用、利润或亏损。为了更加真实、公允地反映企业特定会计期间的财务状况和经营成果，我国会计基本准则明确规定，企业在会计确认、计量和报告中应当以权责发生制为基础。

（2）收付实现制

收付实现制也称现收现付制，是以现款是否实际收到和支付作为确认本期收入和费用的基准。凡是本期实际款项的收入和支付，无论是否属于本期，均作为本期的收入和本期的费用，凡在本期未曾收到和支付的现款，即使其应属于本期，也不作为本期的收入和本期的费用。收付实现制比较简便，在进行核算时无须考虑预收收入、预付费用及应收、应付等问题，根据期末的实际收入和支出结转，不考虑调整账目。目前，我国的行政事业单位除经营业务外，其他都采用收付实现制。

3. 会计核算的基本前提和原则

（1）会计基本前提

会计核算的主要目标是向有关各方提供决策有用的会计信息，而信息的产生必须在一定的空间和时间范围内，按一定形式和内容通过一定的方法取得。但在实践过程中存在一些不确定的因素，会计核算对象的确定、会计政策的选择、会计资料的搜集等都要以会计假设为依据，以保证会计工作的正常进行和会计信息的质量。会计假设也称会计核算的基本前提，只有企业面临的现实情况与会计核算中运用的推定和假设相符，会计准则中规定的方法才可以采用，否则就不宜采用，而应该用其他核算程序和方法。

（2）会计信息质量要求

会计信息质量要求是对使用财务报告中所提供的会计信息质量的基本要求，是使财务报告中所提供会计信息对投资者等用户决策有用应具备的基本特征。它主要包括可靠性、相关性、可理解性、可比性、实质重于形式、重要性、谨慎性和及时性等。

4. 会计要素及会计等式

（1）会计要素

前文讲述会计对象是在资金运动过程中表现出来的一种状态。在实践中，会计内容繁多，为了便于会计核算，需要对其作进一步的分类，这种对会计对象的具体分类就是会计要素。

根据《企业会计准则—基本准则》的规定，会计要素包括资产、负债、所有者权益、收入、费用、利润六要素。企业财务报表的内容主要分为两类，即反映财务状况和反映经营成果。会计要素也相应地分为反映财务状况的会计要素和反映经营成果的要素。前者包括资产、负债、所有者权益；后者包括收入、费用和利润。

（2）会计等式

会计等式也成为会计恒等式，反映了会计要素之间的平衡关系，是复式记账和编制会计报表的基础。

1. 资产＝负债＋所有者权益

任何企业要从事生产经营活动，都必须从投资者和债权人那里取得一定的经营资金或实物，这些经营资金或实物就形成了企业资产，在会计核算上以货币的形式体现。另一方面，这些资产均有其来源，要么来源于所有者（投资者），形成企业的所有者权益；要么来源于债权人权益，形成企业的负债。也就是说企业的资产归属于企业的所有者权益和负债。因此，资产与负债和所有者权益实际上是同一价值运动的两个方面，资产是财产物资的占用形态，负债和所有者权益是财产物资的资金来源，两者必然相等。从数量上来说，在资产数量一定的情况下，就有相对应数量的权益（包括所有者权益和债权人权益）；反之亦然。资产和权益的价值量必然相等。

2. 收入－费用＝利润

企业的目标就是在从事生产经营活动中获取收入，实现收益。企业在取得收入的同时必然发生相应的费用。那么收入与费用的差异，才能确定利润的水平。收入抵消费用后，还有剩余，则企业形成利润，反之，收入不足以应付费用的支出，则企业经营为亏损。

3. 会计法规体系

改革开放四十年来，在市场经济条件下，会计活动逐步成为经济活动的主角，它关系着在经济活动中各个会计对象的不同立场，影响各自利益得失。对会计信息的客观、真实、准确、及时提出了更高的需求。因此，制定修订出台一系列的会计法律法规以调整会计关系，规范会计行为成为必然。我国的会计法规体系框架不断完善，从不同方面，不同角度规范了会计活动。就目前而言，会计法规体系主要包括了四个层次：会计法律、会计行政法规、会计规章和地方性法规。如图 6-1 所示。

会计法——会计行政规章——会计准则——会计制度

图 6-1　会计法规体系

第二节　水价及水费的财务处理

通过本节学习，了解基本的水价构成、居民阶梯水价、水价的调整程序及水费的账务处理。

1. 水价的构成

自来水作为一种商品，具有一般商品的属性，但又不是完全相同。众所周知，水是公共资源，自来水就具有公共产品的属性。因此水价的构成受诸多因素的影响，注定了自来水这类资源型产品的价格。就目前而言，水费收入是自来水企业的主营收入。水价基本由原水成本、制水成本、输配成本、期间费用、税费成本和合理收益等构成，此外还包括了污水处理费等环境成本。

城市供水经营者为保障本区域供水服务购入原水的费用（含原水预处理成本）形成原水成本。按购入原水的数量和原水价格计算据实计入。此后原水通过原水管网输入自来水厂，进行必要的净化、消毒、加压等处理，使水质符合国家标准净水的过程中所发生的费用，就形成了制水成本。它包括制水环节职工薪酬、固定资产折旧、原材料费、动力费、修理费等。再通过管网将净水输送给用户，这期间供水业务部门又进行管网的维护、售后的服务包括抄表、计量、收费等一系列业务，这就形成了自来水的输配成本。输配成本包括输配送环节职工薪酬、固定资产折旧、动力费、修理费、机物料消耗、管网检测费、水质检测费和其他输配费用。还有城市供水经营者为组织和管理供水生产经营所发生的管理费用、销售费用和财务费用。

期间费用是指城市供水经营者为组织和管理供水生产经营所发生的管理费用、销售费用和财务费用。管理费用是指城市供水经营者为管理和组织供水生产经营活动而发生的费用。包括管理部门职工薪酬、固定资产折旧、修理费、业务招待费、办公费、水电费、取暖费、租赁费、会议费、差旅费、技术开发费、低值易耗品摊销、无形资产摊销、长期待摊费用摊销及其他管理费用。

销售费用是指城市供水经营者（含供水所等专设供水销售机构）在供水销售过程中发生的费用。包括销售部门职工薪酬、固定资产折旧、修理费、办公费、代收手续费、物料消耗、低值易耗品摊销以及其他销售费用。财务费用是指城市供水经营者为筹集城市供水生产经营资金而发生的费用。包括利息净支出、汇兑净损失以及相关的手续费等。

税费成本是指供水企业按国家规定应缴纳的相关税费，包括增值税、城建税、教育费附加、房产税、土地税等。同时新建水厂、更新供水输配管道、提高制水工艺增加设施投入等未来预计的成本费用支出也应计入成本。

水价的核定遵循补偿成本、合理收益、节约用水、公平负担的原则。水价的核定同时要符合《中华人民共和国会计法》等相关法律法规，又要与符合行业技术政策、相关标准和城市总体规划要求，又与供水生产经营相关。供水企业合理营利的平均水平应当是净资产利润率8%～10%。具体的利润水平由所在城市人民政府价格主管部门征求同级城市供水行政主管部门意见后，根据其不同的资金来源确定：（a）主要靠政府投资的，企业净资产利润率不得高于6%。（b）主要靠企业投资的，包括利用贷款、引进外资、发行债券或股票等方式筹资建设供水设施的供水价格，还贷期间净资产利润率不得高于12%。

为了促进水资源节约、保护和合理开发利用，一般城市将城市供水价格简化分为居民生活用水、非居民生活用水和特种用水3类。非居民生活价格的执行范围是除居民生活用水和特种用水以外的全部用水。特种用水价格的执行范围是指高尔夫球场、桑拿、水疗等用水。

2. 居民阶梯水价

（1）居民阶梯水价执行的必要性、总体要求及原则

我国是水资源短缺的国家，人均水资源占有量仅为世界平均水平的四分之一，城市缺水问题尤为突出。为促进节约用水，近年来，一些地方结合水价调整实行了居民阶梯水价制度（以下简称"居民阶梯水价"），节水效果比较明显。建立完善的居民阶梯水价制度，是以保障居民基本生活水需求为前提，是以改革居民用水计价方式为抓手。充分发挥阶梯水价机制的调节作用，是在保障基本需求的基础上，细化需求类型，区分基本需求和非基本需求，保持居民基本生活水价格相对稳定；对非基本用水需求，价格要反映水资源稀缺程度。居民生活用水价格总体上要逐步反映供水成本，并兼顾不同收入居民的承受能力，多用水多负担，促进公平负担。同时还要根据各地水资源禀赋状况、经济社会发展水平、居民生活用水习惯等因素，制定符合实际、确保实效的居民阶梯水价制度。

（2）居民阶梯水价制度的主要内容

1) 各阶梯水量确定。阶梯设置应不少于三级。第一级水量原则上按覆盖80%居民家庭用户的月均用水量确定，保障居民基本生活用水需求；第二级水量原则上按覆盖95%居民家庭用户的月均用水量确定，体现改善居民基本生活用水需求；第三级水量为超出第二级水量的用水部分。各地在结合当地实际，根据《城市居民生活用水标准》GB/T 50331和近三年居民实际月人均用水量合理确定分级水量，并可进一步细化阶梯级数，设置四级或五级阶梯。

2) 各阶梯价格制定。根据不同阶梯的保障，第一和第二级要保持适当价差，第三级要反映水资源稀缺程度，拉大价差，抑制不合理消费。原则上，一、二、三级阶梯水价按不低于1:1.5:3的比例安排；缺水地区，含水质型缺水地区，应进一步加大价差，具体由各地根据当地水资源稀缺状况等因素确定。实行阶梯水价后增加的收入，应用于供水企业实施户表改造、弥补供水成本上涨和保持第一级水价相对稳定等。

3) 计量缴费周期。各地在确定计量缴费周期时，应考虑季节性用水差异，以月或季、年度作为计量缴费周期，具体由各地结合实际确定。实施居民阶梯水价原则上以居民家庭用户为单位，对家庭人口数量较多的，要通过适当增加用水基数等方式妥善解决。

4) 全面推行成本公开。制定和调整居民阶梯水价要按照有关规定和程序，严格实施成本监审和成本公开。切实做到供水企业成本公开和定价成本监审公开，主动接受社会监督，不断提高水价调整的科学性和透明度。

3. 水价调整程序

首先加大成本监审力度。要加强对城市供水定价成本的监审，完善成本约束机制，促使供水企业加强内部管理和强化自我约束，切实加大水费收缴力度，严格控制人员的不合理增长，着力降低管网漏损，抑制不合理的成本支出；其次是依法履行听证制度。水价调整方案的制定和出台，要充分听取社会各方面的意见，加强与听证参加人及社会各界的沟通，提高水价决策的透明度；最后是合理确定水价调整时机和力度。各地要统筹考虑本地区水价调整工作，区分轻重缓急，合理把握水价的调整节奏和调整幅度，水价矛盾积累较大的地区，要统筹安排，分步到位。

4. 水费的账务处理

水费作为主营业务收入，是自来水企业主要的经济来源，水费的财务核算所提供的会计信息，不但有助于了解资金的收入情况，更重要的还在于分析如何将水费及时、正确、足额收回，提升水费回收率，减少应收账款挂账，将资金投入生产经营中，保证营运资金充足，促进企业平稳健康发展。

水费核算相应地涉及几个科目间的核算，如"主营业务收入""应交税费－增值税－销项税""应收账款""其他应付款"等。首先，自来水的业务部门在开具水费账单，生成水费销售报表的同时确认主营业务收入，产生应收账款，相应分录为：

借：应收账款

贷：主营业务收入

应交税费－增值税－销项税

其他应付款－污水处理费

其次，业务销售部门再根据形成的水费账单，通过现金收款、银行托收、微信付款、支付宝等多种收费渠道，收回应收水费账款，根据各类现金、银行收款凭证，作相应的会计分录是：

借：现金

银行存款

贷：应收账款

最后，期末结转主营业务收入科目。相应的会计分录是：

借：主营业务收入

贷：本年利润

思 考 题

1. 会计核算的基本前提是什么？简单概述介绍。

2. 会计要素及会计等式是什么？

3. 水价是如何构成的？

第七章

水费回收

第一节 水费销账

1. 收款方式

供水企业向用户提供符合国家标准的自来水是企业的基本任务，能够快速可靠地回笼销售资金不仅是企业生存的根本保障而且还是企业可持续发展的基础，为用户提供便捷的缴费方式也是企业在市场经济形势下需要不断完善服务的重要内容之一。营业部一方面是企业的销售部门，只有采取各种手段确保较高的水费回收率和较低的销售成本才能充分发挥其经济职能作用。另一方面，营业部作为供水企业的对外服务窗口应结合自身特点努力提高服务质量。这些都体现在我们的收费服务水平、收费效率及用户满意度高低等衡量标准上。采用多种缴费方式方便用户，根据新的科技形势不断创新收费，才能有效提高水费回收率。

（1）水费缴纳传统模式

1）营业厅缴费

供水企业分区域建立缴费的柜台，用户以现金方式（支票、信用卡划账等类先进方式）对所欠水费进行缴纳。柜台收费是最传统的收费方式，其优点在于提供了用户面对面的服务，不仅能够处理用户缴费过程中的不同问题，而且能够得到用户对供水企业服务的直接反馈。

2）银行代扣

供水企业与个人用户签订划款协议，将个人用户每月水费定期以文件方式送交银行，银行根据文件对每个账户进行扣款转账。银行代扣水费也是传统的缴费方式，因为便捷深受用户欢迎。

3）银行托收

银行托收业务是主要针对用水企业用户使用的收费方式。供水企业与用水单位、银行签订托收合同。每月将用户的水费以委托文件的方式送交银行，由银行在付款方指定账号中进行转账，然后根据转账结果进行水费结算的过程。该收费方式的优点在于在供水企业与企业用户之间建立了一个长期的付款方式，企业用户不需要每月都以现金或支票方式对水费进行支付。传统的单位水费托收工作都是由人工操作的，有着随意性大和易出差错及资金周转慢的缺陷，加上出现差错后信息反馈不及时，有时用户需多次往返更正。随着单位水费银行托收电子化应用系统的研制，单位水费银行托收全部实现了电子化。效率提高，并能及时反映出失败原因。

造成托收失败的原因大致有以下几类：

　　a）对方单位存款不足；

　　b）账号与户名不符；

　　c）托收协议号不存在；

　　d）同城委托交换号错误；

　　e）对方单位账户已经被冻结。

发生退票应及时与对方单位联系，进行重新托收或抵冲退票。

　　4）银行及社会商业网点代收

该种收费方通过供水企业与银行搭建网络连接的方式实现。银行通过各网点进行水费代收，不仅能实时查询水费，而且能实时销账。该收费方式不仅极大的方便了用户缴费，同时为供水企业节省了大量运营成本，相当于供水企业将柜台扩张到各个银行网点。但对部分偏远地区的用户，由于用户缴费困难，为方便用户缴费，加快费用回收，可以采用如各种联锁式超市和邮电局下属机构代收自来水费，款项和水费回执划转的方式基本与银行代收相同。

水、电、煤等公司事业单位均设有对外营业窗口，并有专人负责收费。因此可以在平等互利的基础上，建立相互无偿代收关系。各单位相互存有对方的开户银行的账务资料，按规定时间每天将收到对方的账款汇总后填写解款单交银行收讫，解款回单联连同账单回执联于次日送上级财务部门转送银行交换场所相互交换。

　　5）预存水费模式

该借鉴于当前电信的预存花费模式。供水企业与用户签订协议，用户在供水企业开一个预存款账户，并定期存放一些钱到自己的账户。用户每月的水费开出以后，供水企业在用户的预存款账户中扣除应缴水费。该收费方式的优点在于不仅可以极大的方便用户缴费，还大大提高了水费的回收率。由于用户的预存款账户由供水企业掌握，因此当用户预存款金额不足时可以事先进行通知，因此，可以大大保证水费的回收情况。预存款业务的另一优势是，当出现退款等情况时，可以直接将退款转到用户的预存款账户。该收费方式的缺点是到目前为止还缺乏政策法规支持，此外由于该收费方式还涉及到存款利率问题，一般不容易被用户接受。

　　6）上门收款

上门收款主要有两种方式：一是定时定点上门设摊收款；二是挨家挨户上门收款。

　　a）定时定点上门收款：在收费网点发展跟不上的地区，由供水企业派员在规定的时间和地点，设摊等待用户来缴付。这种收费方式可暂时解决居民付费难矛盾。

　　b）挨家挨户上门收款：这种收款方式的钱款安全性较差，一般不宜提倡。

　　（2）水费缴纳新型模式

　　1）网络缴费

现今网络已进入千家万户，网络支付模式也已经成熟。这为用户上网缴纳水费提供了很好的支持。特别是支付工具与银行的合作，自国内最大的独立第三方支付平台支付宝宣布开通公共事业缴费业务后，居民又多了一项非常容易操作的水费缴纳途径。居民可以不用在银行或者公共事业单位的缴费窗口排长队，而只需通过上网轻轻点击鼠标，就可以轻松完成缴费。除了给自己缴费外，只要有他人的缴费账单，给父母或亲朋好友代缴都一样方便。与此同时支付宝缴纳水费也在不断创新，开展起"水费代扣"业务。用户只需凭支付宝账号，按照网站提示，在网上开通"水费代扣"业务，水费将在每个缴费期，从支付宝账户或与支付宝账户关联的银行卡中扣除。

特别是手机作为客户随身携带的通信工具，成为网络支付渠道的最佳选择。无论是支付宝和微信缴费还是通过手机银行缴费都可以在手机上完成。

2）POS 机刷卡缴费

供水企业通过与第三方机构合作，拓展利用 POS 机刷卡缴费。用户只需在 POS 机上输入用户号及银联卡密码，便可像商场刷卡购物一样交纳水费并打印票据，同时在营业系统内自动实时销账。农村地区村民可以通过加装在村口便利店或村委会的助农取款 POS 机，解决缴费难题；而城镇地区居民届时可利用居民小区内便利店、物业公司的 POS 机，在家门口完成缴费。供水企业还可以配置移动 POS 机，收费人员可以手持 POS 机终端为客户提供上门缴费服务，极大地方便广大客户。

2. 计算机销账过程

销账工作即是对每天银行代收、银行托收、银行自动转账、门市自收、外办事处转入的各类传票所包含的用户付费回执进行核销，统计本区当日的水费收入，转出非本办事处和非本公司的收入。

目前各地供水企业采用的主要有计算机销账和人工销账两种方法。人工销账是传统的销账方式，手工输入需要销账的用户号，核对金额进行销账。而随着科技发展，一般供水企业都是用计算机营销软件进行销账。一般也是采取电子文档进行手工导入计算机系统进行销账或者系统纯自动销账。

销账过程如图 7-1 所示：

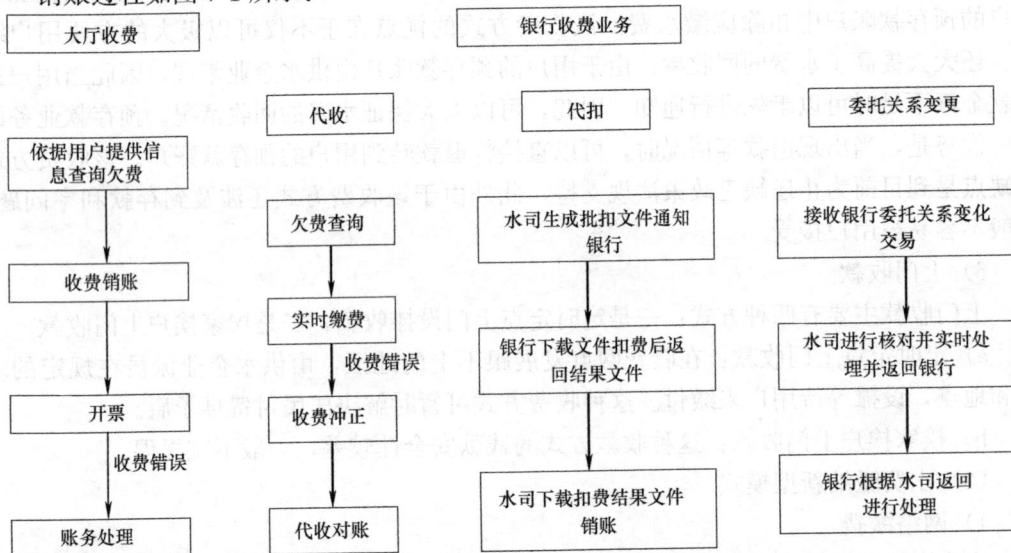

图 7-1　计算机销账过程流程图

3. 收款日报

每日计算机或者人工销账后，应打印水费账务日报表，可以按收费员统计。它反映了自来水营业部门当日营销的最终结果，是企业财务部门登账的依据。

第二节 水费账务处理

1. 水费账务处理简介

水费冲红减免是指因抄表、开账、销账、多计水价、数据处理等工作差错或其他原因造成多抄水量或多收水费，要求通过调整减免或冲红退款进行操作的账务处理。

水费冲红减免按其额度分级审批，根据一定周期内水费冲红减免累积额度分级审批。

根据客户水费是否结清分为两类，已结清为冲红类，未结清为减免类，两种类别适用不同账务工单。

冲红类账务工单：冲红水量、价差退款、销账调整、重复扣款处理。

减免类账务工单：减免水量、调整抄表、变更用水性质。

针对已收费冲红退款的情况，相关账务工单完成后，需在大厅收费界面完成对要冲退费用的销账开票处理。

减免：针对用户未销账的水费记录，可以减免水量，但不影响抄见数。

修改行至：只针对用户最近底度的修改；不影响水费，只影响下期抄表。

减免违约金：针对用户未销账的产生滞纳金的水费，可采取打折、直接减金额、设定固定结算日、直接设金额的方式来处理。

追加抄表：同老系统的追加抄表功能，针对当期已抄表的情况，用户要追加抄表的情况，其前后的抄表行至有直接关系。

更改用水性质：针对用户未销账的水费，原费用价格有异常，需按照新价格重新计算的，通过此功能完成。

费用追收：额外追收用户一笔费用，与抄见无关，直接输入水量，选择价格即可。

无表卡追收：针对在系统中没有建档的用户，由于特殊原因需追收一笔水费时，可采用此功能，追收时候，可根据用户实际开票信息录入，方便按照实际开票收费。

费用冲红：针对已收费销账的用户，可冲红水费或者滞纳金，完成后需在大厅收费界面将负记录销账开票，从而完成退款操作。

水费拆分：同老系统的份额水量，针对未销账的水费，一笔拆成多笔，系统中只能按照水量拆分。

价差退款：同老系统的价差退款，针对已收费销账的用户，原费用价格有异常需退回用户差价时使用，完成后需在大厅收费界面将负记录销账开票，从而完成退款操作。

销账调整：针对非当天收费错误的记录，完成销账调整。

调整抄表：同老系统的调整，针对历史抄表未销账记录抄见数的调整，每笔调整需有线性关系；同时可更新到最新的抄表信息中，从而保证下期抄表起度的准确性。

2. 水费减免处理

减免指实际发生的售水量，因用水设备漏水，如地下管漏水，水表漏水、表接管漏水、水箱漏水等原因，用户无法及时发现，造成用水量高，水费负担过重，用户感到缴款有困难，按自来水公司有关规定，漏失部分给予适当的减免。减免减少实际售水量和水费收入。

水费减免应有抄表簿上抄表员在备注栏的注释和自来水公司修理部门修理工或房管部门的漏水修复证明为依据。

对减免类的客户，在营业收费系统中打印一份账务审批工单，连同客户提交的《水费冲红减免申请报告》及影像等相关资料交由相关业务部门以台账方式存档保留；冲红类的客户，账务审批工单一式两份，一份连同冲红发票交由财务入账，另一份与客户提交的《水费冲红减免申请报告》及影像等相关资料由相关业务部门以台账方式存档保留。

减免类账务工单：减免水量、调整抄表、变更用水性质。

3. 水费冲红处理

凡因工作中的差错或失误等原因，造成计量不准确，而使售水量虚增，如抄表抄错、估计过高、重复开账、表快、水表倒装、新表底码未扣等，应冲减售水量及相应的水费金额数作冲红处理。冲红实质就是纠错。

冲红类账务工单：冲红水量、价差退款、销账调整、重复扣款处理。

第三节 回收率报表

水费回收率反映供水企业资金回收情况，这个指标常常让供水企业牵肠挂肚，而且被称为供水企业经营部门必考的 KPI 指标。

计算公式，见式（7-1）：

$$水费回收率＝实收水费/应收水费×100\% \qquad (7-1)$$

应收水费：如果想让员工真正重视水费回收这个问题，应收水费就应包括历史欠费（或称陈欠水费），这样的好处显而易见，每个月都要把以往的欠费纳入当期应收范围，这样的核算规则直接表明企业管理层的态度：以前欠的水费也要追回来，不能拖着时间长了就不了了之，那么：当期应收水费＝历史欠费＋上期抄表本期应回收的水费。

实收水费：既然应收水费包含了历史欠费，那么实收水费也包括当期收回所有历史欠费，但采用滚动抄表或即抄即收费等模式的，就要注意剔除当期抄表当期就收回的水费（这部分提前收回的水费应计入下一期，否则某些月份的回收率因为将下一期的实收水费计入本期，导致当期回收率超过100％），那么当期实收水费见式（7-2）：

$$当期实收水费＝收回历史欠费＋上期抄表本期应收的水费$$
$$（不能加上当期抄表当期收回的那部分水费）\qquad (7-2)$$

1. 水费回收率汇总统计

表 7-1 是根据回收率公式汇总统计的回收率。

2. 按用水性质统计回收率

综合考虑本地各类用水的结构，一般城市供水价格分类为居民生活用水、非居民生活用水和特种用水三大类。供水企业应充分认识到用水分类的重要性，了解用户用水实际情况，及时发现用水性质变化，进行水价核定。发现用水类型改变及时更正。首先申请接水装表部门的人员对申请户的用水性质在办理工作竣工时应正确填写，遇到用水转让办理过户或改变用水性质，经办人员需要及时更正，并报相关负责人审核，确认无误后进行核定。水价核定是保证供水企业合理收益、优质优价、公平负担的前提。

有了正确的用水性质分类，我们可以根据不同用水性质的水费开账金额和水费实收金额测算出回收率。由此反映供水企业不同用水性质的资金回收情况。

水费收入及回收率月报

表 7-1

统计单位：总公司

统计日期：2018-01-01 至 2018-12-31

年月 项目	当年水费		往年水费	合计
	本月	隔月		
上月末未收水费结转	0.00	0.00	16175665.96	16175665.96
水费开账（应收）	1773030367.77	0.00	-156121.71	1772874246.06
水费销账（收入）	1768400052.25	0.00	3641380.32	1772041432.57
其中： 代扣	290637613.64	0.00	1148391.17	291786004.81
退款	-1325324.66	0.00	-86968.27	-1412292.93
托收	1058770525.11	0.00	173782.50	1058944307.61
现金	420317238.16	0.00	2406174.92	422723413.08
滞纳金	1474987.02	0.00	441855.50	1916842.52
其中： 收入	1476411.72	0.00	444193.60	1920605.32
冲红	-1424.70	0.00	-2338.10	-3762.80
重笔疑难	359.72	0.00	0.00	359.72
其中： 收入	2413.84	0.00	0.00	2413.84
冲红	-2054.12	0.00	0.00	-2054.12
本月末未收水费结存	4630315.52	0.00	12378163.93	17008479.45
1997 年	0.00	0.00	12708.17	12708.17
1998 年	0.00	0.00	91057.55	91057.55
1999 年	0.00	0.00	157560.07	157560.07
2000 年	0.00	0.00	271283.10	271283.10
2001 年	0.00	0.00	423154.03	423154.03
2002 年	0.00	0.00	455586.47	455586.47
2003 年	0.00	0.00	812264.71	812264.71
2004 年	0.00	0.00	1033048.30	1033048.30
2005 年	0.00	0.00	958933.15	958933.15
2006 年	0.00	0.00	849208.90	849208.90
2007 年	0.00	0.00	1245695.64	1245695.64
2008 年	0.00	0.00	781248.64	781248.64
2009 年	0.00	0.00	665463.61	665463.61
2010 年	0.00	0.00	1018698.07	1018698.07
2011 年	0.00	0.00	898243.03	898243.03
2012 年	0.00	0.00	747677.23	747677.23

续表

年月 项目	当年水费		往年水费	合计
	本月	隔月		
2013 年	0.00	0.00	795010.39	795010.39
2014 年	0.00	0.00	193756.28	193756.28
2015 年	0.00	0.00	281569.60	281569.60
2016 年	0.00	0.00	273930.88	273930.88
2017 年	0.00	0.00	412066.11	412066.11
其他水费	−5045.60	0.00	36498.40	31452.80
其中： 开账（应收）	20170427.30	0.00	36498.40	20206925.70
收入	20175472.90	0.00	0.00	20175472.90
当月水费回收率（一）	0.00			99.74
当月水费回收率（二）	0.00			99.74
当年水费回收率	0.00			99.74
往年欠费回收率	0.00			22.68

用水性质回收率月报

表 7-2
统计时间 2018.1.1～2018.12.31

用水分类		单价	用水量	开账金额
居民生活	居民阶梯 1	3.4	7648768	26005811.2
	居民阶梯 2	5.32	284033	1511055.56
	居民阶梯 3	7	78636	550452
	居民平均价	3.4	654891	2226629.4
	幼儿园	3.4	106548	362263.2
	福利用水	3.4	97997	333189.8
	高校生活	3.4	505474	1718611.6
	中小学	3.4	486198	1653073.2
	小　计		9862545	34361085.96
非居民生活	一级 COD	32	460330	1988625.6
	消防	6.12	700542	4287317.04
	旅游宾馆	6.12	361648	2213285.76
	洗衣业	6.12	2314	14161.68
	工业	6.12	4452122	27246986.64
	五小企业	6.12	40055	245136.6
	农林渔牧	6.12	6857	419684
	物业	6.12	55700	340884
	商业	6.12	3128295	19145165.4
	建筑业	6.12	1263393	7731965.16
	饮食服务业	6.12	71373	436802.76

续表

用水分类		单价	用水量	开账金额
居民生活	美容美发	6.12	5446	33329.52
	其他	6.12	296912	1817101.44
	团体	6.12	30019	183716.28
	事业	6.12	392858	2404290.96
	军警	6.12	114462	700507.44
	机关	6.12	100022	6121364
	公共设施	6.12	242483	1483995.96
	其他	6.12	111062	679699.44
	小　　计		11835893	77494019.68
特种行业	桑拿洗浴	13.8	17134	236449.2
	高尔夫球场	13.8	24143	333173.4
	小　　计		41277	569622.6
合计			21739715	112424728.2

　　上表中根据每个用水性质统计回收率，应用水费回收率公式来统计回收率。可以掌握每个用水性质的回收情况。

思 考 题

1. 水费的缴纳方式包括哪些？
2. 水费的冲红和减免有何区别？
3. 什么是水费回收率，水费回收率计算公式是怎么样的？

第八章

售水量管理

第一节　售水量统计

1. 售水量统计调查

统计调查就是根据统计研究的目的和要求，采用科学的调查方法，有计划地、系统地收集反映主观事物及其发展变化情况的资料的过程。归根结底，统计调查是收集原始资料的一种活动过程。

（1）按用水性质分类统计

售水量用水性质分类是一项重要的基础管理工作，通过分类统计能够反映各种性质用水的动态和分析用水发展趋势，为正确编制售水量计划和分析售水量计划执行情况以及为城市建设规划提供资料。根据《城市用水分类标准》CJ/T 3070—1999，用水性质主要分为居民家庭用水、公共服务用水、生产运营用水、消防及其他特殊用水四大类。

城市用水分类标准同《国民经济行业分类和代码》对照表　　　　　表 8-1

用水分类名称		《国民经济行业分类》	
		门类	大类
1. 居民家庭用水			
1.1	城市居民家庭用水	—	—
1.2	农民家庭用水	—	—
1.3	公共供水站用水	—	—
2. 公共服务用水			
2.1	公共设施服务用水	K	75
2.2	社会服务业用水	K	76、79～84
2.3	批发及零售业贸易用水	H	61～65
2.4	餐饮业、旅馆业用水	H K	67 78

续表

用水分类名称		《国民经济行业分类》	
		门类	大类
2.5	卫生事业用水	L	85
2.6	文娱体育事业、文艺广电业用水	L M	86 90～91
2.7	教育事业用水	M	89
2.8	社会福利保障业用水	L	87
2.9	科学研究和综合技术服务业用水	N	2
2.10	金融保险、房地产业用水	I J	2 3
2.11	机关、企事业管理机构和社会团体用水	F G I J N O P	51 60 68、70 72、74 92、93 94～97 991
2.12	其他公共服务用水	G P	59 999
3. 生产运营用水			
3.1	农、林、牧、渔业用水	A	01～05
3.2	采掘业用水	B	06～12
3.3	食品加工、饮料、酿酒、烟草加工业用水	C	13～16
3.4	纺织、印染、服装业用水	C	17～18
3.5	皮、毛、羽绒制品业用水	C	19
3.6	木材加工、家具制造业用水	C	20～21
3.7	造纸、印刷业用水	C	22～23
3.8	文体用品制造业用水	C	24
3.9	石油加工及炼焦业用水	C	25
3.10	化学原料及化学制品业用水	C	26
3.11	医药制造业用水	C	27
3.12	化学纤维制造业用水	C	28
3.13	橡胶制品业用水	C	29
3.14	塑料制品业用水	C	30
3.15	非金属矿物制品业用水	C	31
3.16	金属冶炼制品业用水	C	32～34
3.17	机电制造业用水	C	35～37.39.40
3.18	电子、仪表制造业用水	C	41～42
3.19	其他制造业用水	C	43

用水分类名称		《国民经济行业分类》	
		门类	大类
3.20	电力、煤气和水生产供应业用水	D E	44~46 47~49
3.21	地质勘查、建筑业用水	F G	50 52~58
3.22	交通运输、仓储、邮电通讯业用水	G	9
3.23	其他生产运营用水	—	—
4. 消防及其他特殊用水			
4.1	消防用水	—	—
4.2	深井回灌用水	—	—
4.3	其他用水	—	—

（2）划分供水区域并在每个供水区域再划分若干管网块统计

供水区域是以各水厂为出发点，按供应范围内的输水干管划分供水区域和管网块，每一供水区域有若干管网块（每一管网块定一块号，东、南、西、北地址）进行上述四大类型用水分类。

（3）按行政区域进行四大类型分类统计

建立全市和各行政区的统计台账，保持统计资料的完整性系统性，为多级有关部门提供资料信息。

2. 售水量统计整理

统计整理是根据统计研究的目的，对调查资料进行科学的加工，使之系统化，成为说明总体特征的综合资料的工作过程，在售水量的管理工作中，通过统计整理成为编制售水量计划的依据。

在编制售水量计划时，主要参考历年售水量变化情况及其增长规律。另外，根据党和国家的方针、政策对今后经济发展形势认真加以分析和估计。当然，还要结合所得的调查情况予以研究。在当前的形势下要注重市场经济作用，坚持以销定产，根据多年来实践证明参照历史资料结合所得的情况进行分析是起了较大作用。

编制下年度售水量计划前，要根据当年1月至10月实际数和11月、12月份预计数相加得出当年售水量预计完成数，再根据分类的售水量历史资料和调查资料相结合作为下年度售水量计划数的依据，初步提出下年度售水量的计划数，季度售水量计划数是按历年季度售水量占年度售水量比重而确定，月度售水量计划数是照历年月度售水量占季度售水量的比重而定的。

比重，就是总体各组的数值与总体中的数值之比，它表明总体各部分在总体中所占的比例。

例如：

计算单位：万 m³

	售水量	第1季度	第2季度	第3季度	第4季度
2016年	8460	1870	2060	2430	2100
比重	100.0	22.1	24.3	28.7	24.9
2017年	8630	1820	2090	2500	2220
比重	100.0	21.1	24.2	29.0	25.7

从上表数据计算：

2016年1季度售水量占年度售水量比重为：

$$\frac{1870}{8460} \times 100\% = 22.1\%$$

各组比重之和等于100%（22.1%＋24.3%＋28.7%＋24.9%＝100%），总体（年度售水量）内部各季度售水量结构说明现象的性质特征。通过比重的变化，说明各时期的发展趋势及规律性，从历年资料可见第3季度售水量占年度比重大，几乎也是一个规律。

3. 售水量统计分析

统计分析就是胸中有"数"，这是说，对情况和问题一定要注意到它们的数量方面，要有基本的数量分析。在售水量管理工作中就是要定期对售水量计划完成情况进行分析对实际售水量与计划售水量要有个比较，一是看计划数的正确程度，二是查差距的原因。

由于售水量计划是按照历年水量资料和各种因素的分析推论制订的，因此对售水量计划完成正确程度要加以分析，一般情况首先检查是否符合编制计划的依据，再看动态分析是否符合历年一般规律或出现某些新情况。总之，运用各种统计资料进行分析是从感性认识提高到理论认识及时发现并分析售水量发展过程中的新情况、新规律，从中揭示售水量的内在联系及其规律性，为编制计划，制订长期计划和远景规划提供确切可靠的，有分析的统计资料，从而达到指导生产，提高社会服务效益和经济效益的目的。

售水量分析是以反映社会经济现象发展过程的数量变化和数量关系，研究和分析季节变动，是为了认识它、掌握它，以便更好地组织生产和安排人民经济生活，从而克服由于季节而引起的各种影响。

第二节　售水量报表

1. 按口径统计售水量

口径开账月报

表 8-2

统计周期：2019.01.01～2019.01.31

口径	托收		代扣		代收		合计	
	户数	水量	户数	水量	户数	水量	户数	水量
15	87	9223	4652	76077	1262	19247	6001	104547
20	10559	468542	397182	6532504	307132	4212118	714873	11213164
25	5710	1044839	1311	74587	4268	314216	11289	1433642
40	5600	2714310	209	53055	1433	407753	7242	3175118

口径	托收		代扣		代收		合计	
	户数	水量	户数	水量	户数	水量	户数	水量
50	3422	2934880	56	40413	1285	531704	4763	3506997
80	4350	3909078	26	6169	850	464216	5226	4379463
100	2422	2505737	15	9125	624	1031735	3061	3546597
150	123	1596768	0	0	33	68131	156	1664899
200	28	995341	0	0	4	55527	32	1050868
250	1	17	0	0	0	0	1	17
300	1	0	0	0	8	675230	9	675230
400	1	58727	0	0	0	0	1	58727
500	0	0	0	0	3	449389	3	449389
800	1	701171	0	0	1	1215480	2	1916651
合计	32305	16938633	403451	6791930	316903	9444746	752659	33175309

2. 按用水性质分类统计售水量

用水性质水量分类开账报表 表 8-3

统计周期：2019.01.01～2019.01.31

用水分类		单价	用水量	开账金额
居民生活	居民阶梯 1	3.4	7648768	26005811.2
	居民阶梯 2	5.32	284033	1511055.56
	居民阶梯 3	7	78636	550452
	居民平均价	3.4	654891	2226629.4
	幼儿园	3.4	106548	362263.2
	福利用水	3.4	97997	333189.8
	高校生活	3.4	505474	1718611.6
	中小学	3.4	486198	1653073.2
小 计			9862545	34361085.96
非居民生活	一级 COD	32	460330	1988625.6
	消防	6.12	700542	4287317.04
	旅游宾馆	6.12	361648	2213285.76
	洗衣业	6.12	2314	14161.68
	工业	6.12	4452122	27246986.64
	五小企业	6.12	40055	245136.6
	农林渔牧	6.12	6857	419684
	物业	6.12	55700	340884
	商业	6.12	3128295	19145165.4
	建筑业	6.12	1263393	7731965.16

续表

用水分类		单价	用水量	开账金额
非居民生活	饮食服务业	6.12	71373	436802.76
	美容美发	6.12	5446	33329.52
	其他	6.12	296912	1817101.44
	团体	6.12	30019	183716.28
	事业	6.12	392858	2404290.96
	军警	6.12	114462	700507.44
	机关	6.12	100022	6121364
	公共设施	6.12	242483	1483995.96
	其他	6.12	111062	679699.44
小　计			11835893	77494019.68
特种行业	桑拿洗浴	13.8	17134	236449.2
	高尔夫球场	13.8	24143	333173.4
小　计			41277	569622.6
合计			21739715	112424728.2

第三节　售水量预测

预测是对社会经济现象未来情况的一种估计，统计预测法是一种实用性很强的统计方法，在社会经济各领域具有广阔的应用前景，售水量预测是对未来外界的用水量做事先的预测，从而制订长远规划和近期计划，以便做出对产、供、销最佳决策。

1. 平均发展速度预测法

发展速度是两个时期发展水平之比，用来反映现象在一定时期内发展的相对程度，又叫动态相对数。计算公式见式（8-1）：

$$发展速度 = \frac{报告期水平}{基期水平} \tag{8-1}$$

发展速度分为环比发展速度和定基发展速度。环比发展速度是报告期水平与上期水平之比，用来反映现象逐期发展的相对程度。定基发展速度是报告期水平与固定基期水平之比，用来反映现象在较长时期内发展的相对程度。计算公式分别为式（8-2）和式（8-3）：

$$环比发展速度（x）：\frac{a_1}{a_0} \cdot \frac{a_2}{a_1}, \cdots, \frac{a_n}{a_{n-1}} \tag{8-2}$$

$$定基发展速度（y）：\frac{a_1}{a_0} \cdot \frac{a_2}{a_0}, \cdots, \frac{a_n}{a_0} \tag{8-3}$$

二者之间存在着相互推算关系如下：

（1）几个环比发展速度连乘积，等于 n 期定基发展速度。

（2）相邻两个时期定基发展速度之商，等于相应时期环比发展速度。

在实际工作中，为了消除季节变动因素的影响，以确切反映现象发展的相对程度，常计算年距发展速度，它是报告期水平与去年同期水平之比，用来反映现象间隔年同期发展的相对程度。

平均速度是表明某种现在在一个较长时期中，逐年平均发展变化程度的相对指标，通常采用几何平均数的方法来计算：

例如：2013 年生活用水 34247 万吨，2018 年生活用水 41302 万吨，每年的平均发展速度为：

$$\overline{X}=\text{平均发展速度} \quad a_n=\text{报告期水平}$$
$$a_0=\text{基期水平} \quad n=\text{几年}$$

$$\overline{X}=\sqrt[n]{\frac{a_n}{a_0}}=\sqrt[5]{\frac{41302}{34247}}=1.038 \text{ 或 } 103.8\%$$

预测 2019 年生活用水：$41302 \times 103.8\% = 42871$ 万吨。

2. 平均增长速度预测法

增长速度是将增长量与基期水平相比，等于发展速度减 1，用来反映现象在一定时期内增长的相对程度。

计算公式见式（8-4）：

$$\text{增长速度}=\frac{\text{增长量}}{\text{基期水平}}=\text{发展速度}-1 \tag{8-4}$$

发展速度也有环比与定基之分，环比增长速度是逐期增长量与上期水平之比，或等于环比发展速度减 1，用来反映现象逐期增长的相对程度，定基增长速度是累积增长量与固定基期水平之比，或等于定基发展速度减 1，用来反映现象在较长时期内增长的相对程度。

环比增长程度（x'）与定基增长速度（y'）之间，不存在直接的推算关系，必须通过发展速度来间接推算，方法如下：

1. 由几个环比增长速度推算 n 期定基增长速度，见公式（8-5）：

$$[(x'_1+1)(x'_2+1)\cdots(x'_n+1)]-1=y'_n \tag{8-5}$$

2. 由相邻两个定基增长速度推算相应时期的环比增长速度，见式（8-6）：

$$[(y'_2+1)\div(y'_1+1)]-1=x'_2 \tag{8-6}$$

在实际工作中，也常计算年距增长速度，其作用和方法与年距发展速度类似。

平均增长速度是表明某种现象在一个较长时期中逐年增长的程度的相对指标。

例如：2013 年至 2018 年售水量分别为 6290、6507、6342、6836.6720、7005 万 m³，试计算各年售水量的环比发展速度和定期发展速度，五年平均发展速度和平均增长速度。如要求在 2023 年售水量达到 7700 万 m³，那么逐年以怎样的增长速度才能达到？

年份	2013	2014	2015	2016	2017	2018
售水量(万 m³)	6290	6507	6342	6836	6720	7005
环比发展速度(%)	—	103.4	97.5	107.8	98.3	102
定基发展速度(%)	100.0	103.4	100.8	108.7	106.8	111.4

$$\text{五年平均发展速度}=\sqrt[5]{\frac{7005}{6290}}=1.0217 \text{ 即 } 102.2\%$$

环比发展速度的平均数，即平均发展速度

$$\frac{103.4\%+97.5\%+107.8\%+98.3\%+102\%}{5}=102.2\%$$

平均发展速度减1或减100%，即平均增长速度

$$102.2\%-100\%=2.2\%$$

如要求在2023年售水量达到7700万 m^3，设平均增长速度为 $\overline{X}$

$$7005(1+\overline{X})^5=7700$$

则 $\overline{X}=\sqrt[5]{\dfrac{7700}{7005}}-1=0.019$ 即 1.9%

即今后应以1.9%的平均增长速度发展，则到2023年售水量可达到7700万 m^3。

3. 趋势预测法

社会经济现象的发展具有一定的延续性，在没有出现转折因素情况下，可以认为短期内发展按照以往的趋势进行。进行趋势有多种方法，下面以最小二乘法趋势预测为例。

例如历年4月份生活用水资料如下：

年份	x	y	x^2	y^2	xy	y_c
2010	1	2580	1	6656.400	2580	2452.3
2011	2	2518	4	6340.324	5036	2552.3
2012	3	2653	9	7038.409	7959	2652.3
2013	4	2643	16	6985.449	10572	2752.3
2014	5	2717	25	7382.089	13585	2852.3
2015	6	2952	36	871304	17712	2952.3
2016	7	3203	49	10259.209	22421	3052.3
Σ	28	19266	140	53376.184	79865	

根据直线回归方程 $y_c=a+bx$，关键在于参数 a 和 b，最小二乘法中有一组计算参数 a、b 的方程式：

$$\Sigma y=na+\Sigma xb$$
$$\Sigma xy=a\Sigma x+b\Sigma x^2$$

即：

$$19266=7a+28b$$
$$79865=28a+140b$$

通过计算得：$A=2352.3\quad B=100$

将 A、B 值代入直线方程式得：

$$y_c=2352.3+100x$$

将代表历年各月 x 值代入上述方程式，将可得 y_c 值，如上表最后一行所示，例如：要预测2017年4月份生活用水量，可将自变量 x 值延伸为8，则：

$$y_c=2352.3+100\times8=3152.3(万 m^3)$$

4. 相关预测法

相关预测法是根据掌握的历年资料，用最小二乘法配合适当的数学模式来研究两个不

同现象之间的相互关系和发展趋势，以预测其现象的变化前景。

相关预测法是以现象与现象之间确定存在一定的相互关系为前提的，因此在运用此法时，首先要从理论上肯定现象之间相互关系的客观存在，而后才能进行预测以及相关程度。

如上列表格自变量（x）的变动，来预测另一个因变量（y）变动的程度，通过上例数据，看两者的相关的程度：

$$R=\frac{S_{xy}}{S_x S_y}=\frac{\overline{xy}-\overline{x}\cdot\overline{y}}{\sqrt{(\overline{x^2}-\overline{x}^2)(\overline{y^2}-\overline{y}^2)}}=\frac{11409.3-4\times275.23}{\sqrt{(20-16)(7625169.1-2752.3^2)}}=89.4\%$$

根据回归方程式对某变数进行预测 2017 年 4 月生活用水为 3152.3（万吨）是直线方程，了解这种预测可以达到精确后，（0.894）属正相关。

利用相关预测法的数学模式进行预测也可以了解气温与水量变化的相关，以及其他因素与水量变化的相关程度。

从预测与实际来看，一般幅度在 98％～102％之间，由于售水量的影响有诸多因素，很难符合一定数学模式的要求，对客观情况特别在市场经济的作用下难以掌握。今后，除了应用必要的数学模式外，还要从不同层次了解有关信息资料，结合静态资料认真分析、不断提高预测水平。

第四节　漏损统计分析

供水管网漏损问题在水务公司中普遍存在，漏损造成的水资源流失、能量损耗、额外投资等给城市供水管网的经济性带来了巨大的挑战；而管道外的污染物质通过破损管道渗入，则会造成给水管网的二次污染，威胁供水安全。可以说管网漏损率是反映供水企业绩效管理水平的一项重要指标。加强管网漏损控制，提高供水效率，对于改善企业经济效益、环境效益和社会效益都具有十分重要的意义。

1. 漏损相关概念

管网漏损率是指漏损水量与供水总量之比，这是衡量一个供水系统供水效率的指标。一直以来，世界上绝大多数国家对供水系统水漏失的量化定义都很含糊，有的采用计量水量，有的采用单位管长漏水量，有的则用百分比，但采用不同的分子分母等，使得供水系统一方面存在较高的漏失，但其管理人员却无法清楚的了解其存在及种类。鉴于这种情况，国际水协从供水系统的水量平衡，即供水的水源，不同用户的使用情况，漏失的组成等方面给予一个相对统一，完整且具有较高适用性的定义及分类，见表 8-4。

无收益水量（NRW，NonRevenueWater）即产销差水量，供水企业提供给城市输水配水系统的自来水总量与所有用户的用水量总量中收费部分的差值定义为产销差水。

产销差水量＝免费供水量＋表观漏损＋真实漏损

免费供水量（Unbilledauthorizedconsumption）指的是实际供应于社会而不收取水费的水量。如消防灭火等政府规定减免收费的水量及冲洗管道的自用水量。

真实漏损（PhysicalLossorrealloss）指的是通过系统输配水管网及城市蓄水设备渗漏，漏失及溢流到外界的部分水量。

水量平衡计算表　　　　　　　　　　　　表 8-4

系统供水总量 System input volume	系统有效 供水量 Authorised consumption	许可计费用水 （售水量） Billed authorized consumption	计量售水量 billed metered consumption	收益水量 Revenue water
			未计量售水量 billed unmetered consumption	
		许可非计费用水 （免费供水量） Unbilled authorized consumption	计量免费供水量 Unbilled metered consumption	无收益水量 Non-revenue water
			未计量免费供水量 Unbilled unmetered consumpiton	
	系统漏水量 Unbilled authorized consumption	表观漏损 Apparent loss	非法用水 Unauthorized consumption	
			表计量误差 Metering inaccuracies	
		真实漏损 Real loss or physical loss	输水管及干管漏水量 Leakage on trans and mains	
			水池/水塔等渗漏及溢流 Leakage & Overflow at storage	
			入户管漏失量 Leakage-service connection	

表观漏损（Apparentloss）指由于用户水表计量不准确，收费或财务上的错误，未经授权的非法用水等给水公司带来经济上损失的部分水量。

漏损率和产销差率都是反映城市供水企业管理水平的重要标志之一，两者定义不同却密切相关，在日常的操作中，产销差率便于计量，且从理论上来说产销差率＞漏损率，所以很多供水企业以产销差率作为管理企业管理漏损的主要指标，从某种程度上也可以说，只要控制好产销差率，也就控制了漏损率。

$$产销差率=\frac{免费供水量+表观漏损+真实漏损}{供水总量}=\frac{供水总量-售水量}{供水总量}$$

$$漏损率=\frac{表观漏损+真实漏损}{供水总量}=\frac{供水总量-售水量-免费供水量}{供水总量}$$

即：

$$漏损率=产销差-\frac{免费供水量}{供水总量}$$

2. 管网漏损的控制技术

（a）采用明确的漏损控制标准

供水管网中必然存在一定的不可避免的漏水量，当漏损值很低时，要花较多的人力和资金才能找到较少的漏水点，经济效益甚低。因此，应允许有不可避免的漏水量，并进一步开展经济漏水量研究。不同国家或地区根据不同的具体条件多采用10%～12%作为经济漏损控制或评定标准，而随着水资源缺乏的加剧和漏损控制技术水平的提高，有些国家或地区的管网漏损率已经达到5%左右。

（b）加强定期管网检漏

管网漏损的特征通常为暗漏，供水企业需要进行管网漏损的定期检测，检测周期过长，漏损的发现和修复将被延迟，增加漏水经济损失；周期过短，检测费用将会过大。比较广泛采用的检漏周期为一年。

（c）使用先进漏损检测设备

目前，常用的漏损检测设备主要有听漏棒、电子听漏仪、噪声自动记录仪和相关仪等。连续自动的在线检测技术和设备也已得到广泛应用，但其价格仍然较高。检漏设备的选用应根据经济及技术等条件综合确定。设备使用效果的关键是建立完善的漏损监测和事故处理规范化管理机制，必须提高管网检漏设备使用效率，不断降低管网检漏检测和维护成本。

（d）分区压力控制和流量监测

管网运行压力是影响管道漏损的主要因素之一，在管网中采用分区增压或减压控制方式，降低管网过剩压力，已经成为有效的管网漏损控制措施。采用分区装表计量（District Mete Area，简称DMA）技术，在管网中分区安装流量计，记录该水表计量范围内不同时间的用水量，用于分析和判断计量区域内的管网漏水量。装表计量的区域具有明确的边界，被称分区计量区域。

（e）管网信息化管理技术

供水行业应积极应用现代通讯、监测和计算机技术，实现管网的信息化管理。建立完善的管网地理信息系统和管网压力与流量监测SCADA系统，建立管网水力模拟系统，实时监控管网中的供水压力和流量变化，实现对管网漏损控制的数字化综合管理，能够实现供水管网漏损状态的在线快速分析计算和管网漏损的预报和预警，这已经成为管网运行管理和漏损控制的现代化高新技术手段。

思 考 题

1. 根据《城市用水分类标准》CJ/T 3070—1999，用水性质主要分为哪几类？
2. 对售水量进行季节变动分析的目的是什么？
3. 售水量有哪几种预测方法？
4. 产销差与漏损率之间有何关联与区别？

第九章

用户管理

第一节 抄表卡册管理

1. 表卡

表卡是抄表工作中的原始资料记录卡，是对用水户的用水性质、用水设备、用水表口径、接水装表日期、水表读数、用水量和金额等内容的记录，所记录的数据是一份十分完整的原始基础资料。实行一表一卡，其作用是能够了解本企业的销售现状、服务情况以及不同用水性质的用水量变化情况，为供水企业制订发展计划和改善供应重要的依据。

（1）表卡的验收

营销部门完成新用户的立户登记后，由验收人员到现场对户名、地址、户号、表位、装表日期、水表型号、口径、表号进行验收，合格的将其移交至内复人员编入日常抄表册。若发现新装表表卡上半部分记录与实际不符，经核实准确资料后对其进行更正，再移交。

（2）表卡的种类

表卡根据各地供水部门的实际属性特征，大致可分为抄表卡（主卡）、抄表动态卡等。

1）抄表卡是抄表册内的主卡，顶上打有两个圆孔，卡上显示以下几项内容：用户号、用户名、用水地址、收费方式、用水性质及对应分类号（代号）、单价、账单送达地址、表位、装换表日期、表号、抄表日期、水表读数、用水量等。（表9-1和图9-1）

2）抄表动态卡用于记录每一本抄表册每月的水表总数及增减变化情况的卡，一般放在抄表卡最前。（表9-2）

2. 抄表册

抄表册是供水公司营销部门一种重要的基础资料，也是营销人员的主要工作依据，它在营销工作中有关相当重要的作用。

（1）抄表册的组成

抄表册由封面水表分类卡、抄表动态卡和一定数量的抄表卡及封底，用抽绳穿孔串联组成。封面上贴有抄表册号的标识、标有（字）、（册）字样。

××公司纸内抄表卡　　　　表 9-1

户号		收费方式	
户名			
地址			
表位			

用水性质			单价			

换表	年	月	日	表径	表号	抄见数	换表人	备注

抄表		抄表动态	抄见数							用水量						备注
年	月		百	十	万	千	百	十	个	十	万	千	百	十	个	
上年底数																

月	联系人	电话

图 9-1　机内抄表卡

抄表动态卡

表 9-2

册号：　　　抄表员：

月份	增	减	当月实际张数
上年存			
一 月			
二 月			
三 月			
四 月			
五 月			
六 月			
七 月			
八 月			
九 月			
十 月			
十一月			
十二月			

抄表日期：

（2）抄表册工作量的编排

抄表册工作量的编排，通常以每天规定的抄表时间内完成一定的抄表定额量为依据，成立一册而不是每册以相同的表数来编排，主要原因是：

1）各表位间距离长短不等。

2）各抄表册的册址路程远近不等。

3）各种水表箱大小不一，所付出的体力不同。

4）各抄表册所在的地区及环境不一样（市区、郊县）。

从上面的原因看，编排固定相同数量的表卡会存在诸多弊端，容易造成抄表工作量劳逸不均，工作时间差异，抄表效果不理想等。因此，考虑根据水表口径、属性、地域等，估合各抄表员的劳动强度，按照实际情况合理编排表册数量是十分必要的。一般大口径即 $DN40$（含）以上地面表卡数量宜控制在 $50\sim80$ 只每册，小口径即 $DN40$ 以下地面表数量宜控制在 $100\sim120$ 只每册。郊县农村区域水表由于相对表位安装较为集中，可根据实地情况控制在 $300\sim500$ 只每册，楼道表相对便利可控制在 $400\sim600$ 只每册，数据远传水表控制在 $600\sim800$ 只每册。

在确定抄表册工作量后，再对册内表卡进行排序，确定抄表的具体先后顺序。目前，排序方法大致有：

1）按线性方式（又称环回方式）编排，这种编排节省时间，避免路程往返重复。

2）按先近后远的方式编排，即先抄最近表位的水表，然后一直抄到最远表位的水表。

3）无电梯的多层住宅表，一般由下而上排列。中高层电梯住宅表，原则上全部安排数据远传抄读，但为确保抄度的准确性，每年需另行安排不少于两次的人工抄读核对，一般由上面下排列。

总之，抄表册编排要整体考虑，针对性合理安排，少走弯路。既要有利于抄表，又能提高抄表效率，并给水表后期的检修、养护工作带来方便。

（3）抄表册的线路编排

1）供水公司营销部门对管辖区域内的抄表册线路编排一般采用"蚕食法"。即根据当地供水的区域范围、给水管网布局及用水户数多少等因素考虑，将整个区域划分为块，按块排列依次抄表。"蚕食法"编排的优点是有利于水费的回收，有利于养护维修，有利于供水服务工作，缺点是抄表地点变化较大。随着营销手段的丰富，供水区域的扩大，供水网格区的实施，已基本取消。

2）其次还有"街块法"编排，即根据供水区域范围、给水管布局、用水户多少等因素考虑，以整个区域（街道）划分成与抄表员人数相的街（道）块，各人负责一街块，依次抄表。其优缺点正好与"蚕食法"相反。

3）现在基本采用"网格区块法"，类似于"街块法"，将同一网格区的水表按表册分类后，进行线路编排，有利于网格区内总体用水情况的分析，便于产销差核算。

（4）抄表册的编号（分类）

1）根据所属供水区域的情况，将表册按安装方式、位置的不同，分为地面表册、楼道表册、远传表册等，地面表册又可按在用水表口径大小，分为大口径（$\geqslant DN40$）水表表册和小口径（$< DN40$）水表表册。

2）以数字形式编排表册号，一般采用6位数字组成，比如102005，"10"代表所属供水区域，"20"代表抄表路线，"05"代表抄表日期。（图9-2）

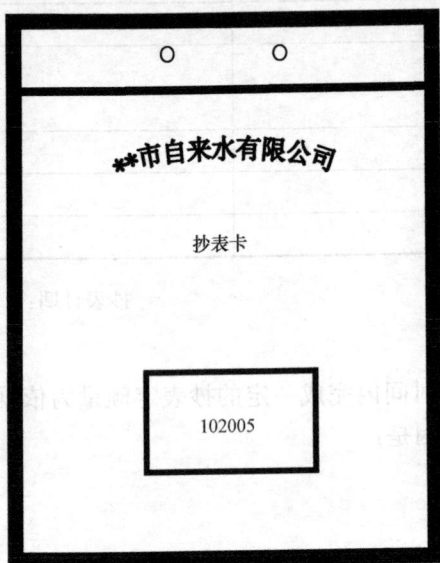

图9-2 抄表卡样图

3. 抄表日程表及编排

抄表日程表的编排应以供水企业给水区域管辖范围为依据，结合企业的建设发展、生产计划、经济核算等方面的关系，同时按照供求服务要求的目标为出发点，因此抄表日程表有一定的权威意识和强化作用，一经编排成立，任何部门或人员都不得擅自更改、变动，尤其抄表员应严格遵守，认真执行抄表日程表所规定的日期进行抄表工作。

（1）抄表日程表编排方法

每月的抄表日程编排中，其工作日不宜太长，也不宜太短。如日程太长，虽可控缩人员，但缴款日期可能跨月，影响当月水费回收。如日程过短，对水费回收有利，但要扩增人员。总之，编排抄表日程表尽可能将收费期限压缩到月内，以减少人员为前提。考虑到月份有大有小，加上节假日每月均有21天左右，一般安排每月10～12天抄表工作日为宜。

对每月耗水量大的用水大户汇编成立专册抄表，每半月安排一次表册抄读，及时掌握用水动态，也可安装无线远传设备做到实时监控，既有利实施计划用水管理，又可通过银行托收及时回收水费，这类专册可编排在抄表日程表最后几天的抄表工作日。有些城市则对用水量较大的用户供求区域编排在抄表日程表前面几天，总之，尽可能在提高供水企业经济效益上发挥最大的作用。在编排抄表日程表时每月抄表日差幅不宜过大，以确保抄表周期平衡，避免在统计、分析、预测水量供求问题上人为造成过偏现象。

随着城市化进程的加快，中高层住宅越来越多，这些住宅均采用数据远传模式进行水表抄读，但在实际使用中远传设备往往会出现各种故障，应安排抄表员及时跟进，并整体远传水表进行每年不少于 2 次的实地复核。

（2）抄表日程表样式

抄表日程表   表 9-3

每月		单月			双月		
李大		王小		张三	王小		张三
201001	胡家	202101	三和	203101	宝里	202001	汇江	203001	天齐
201002	赵家	202102	宁馨	203102	海德	202002	大川	203002	和新
201003	××	202103	××	203103	××	202003	××	203003	××
201004	××	202104	××	203104	××	202004	××	203004	××

第二节 户名管理

由于房屋置换、住宅性质改变、单位用户的关停并转等，对自来水的使用、水费的支付、供水服务的内容亦产生影响，因而要加强对户名的管理。

1. 户名的作用

（1）用于划分用水范围和用水性质。

（2）是自来水费的承担者。

（3）供水企业与用户之间建立供、用关系的依据。

2. 户名与装表方式

（1）一户一表。

（2）一户多表。

（3）多户一表、多户多表。这类装表形式的户名，一般只作为用户代表。

3. 户名更改分类

（1）户名改变，用水范围和用水性质不变。

（2）户名和用水性质改变，用水范围不变。

（3）户名、用水性质、用水范围均改变。

4. 更改户名的手续

（1）双方用户必须用书面提出。

（2）填写"用户变更申请表"。

（3）经办人员对过户情况进行核实。

（4）对符合用户变更的，要结清以前的水费，更改抄表卡、水费账单、水费单价等资料。

5. 销户

（1）用户不需继续用水时，应书面提出拆表销户的申请，经核实后结清水费并拆表销户。拆表原则上要拆到水源开口处，以防止偷接水现象。

（2）连续不用水超过三个月，经调查该户近期确属不用水的可作自动销户处理。如以后仍需使用，到时可办理复接手续。

第三节 养护范围划分

1. 现状供水方式简介

（1）水表装置在室外的供水方式。这类水表一般安装在用户的基地外或建筑外。

（2）水表装置在室内的供水方式。这类供水方式主要用于多层或高层住宅。

2. 养护范围的划分

（1）水表装置在室外的，以贸易结算水表为分界点，水表以外（包括水表）供水设施由自来水公司负责养护，水表以内用水设施，由房屋产权者负责养护。

（2）水表装置在室内的，其养护范围的划分是：

A）室外，以建筑墙外的进水阀门为界（如无进水阀门的应以墙外一米处为界）。进水阀以外（包括进水阀门）由自来水公司负责养护，进水阀门以内至室内贸易结算水表之间的供水设施，由房屋维护部门负责养护。

B）室内，贸易结算水表以内的用水设施，均由房屋产权者负责维护。

（3）设有水池泵房的，其养护范围的划分是：

A）已进行二次供水一户一表改造过的住宅性质的高层建筑，以泵房后贸易结算水表为界，水表以外（包括水表）供水设施由自来水公司负责养护，水表以内用水设施，由房屋产权者负责养护。

B）商业性质和未进行二次供水一户一表改造的住宅性质的高层建筑，以泵房前贸易结算水表为界，水表以外（包括水表）供水设施由自来水公司负责养护，水表以内用水设施，由房屋产权者负责养护。

思 考 题

1. 表卡的作用有哪些？

2. 表卡的种类有哪些？

3. 影响抄表册工作量编排的主要因素有哪些？

4. 户名有哪些作用？

5. 更改户名有哪些手续？

6. 办理销户需具备什么条件？

7. 目前有哪几种供水方式？

8. 不同供水方式，其养护范围如何划分？

参 考 文 献

[1] 严煦世，范瑾初.《给水工程（第四版）》[M]. 中国建筑工业出版社，1999.

[2] 中华人民共和国卫生部. GB 5749—2006《生活饮用水卫生标准》[S]. 中国标准出版社，2007.

[3] 陈卫.《城市水系统运营与管理》[M]. 中国建筑工业出版社，2010.

[4] 中国城镇供水协会.《供水营销员》[M]. 中国建筑工业出版社，2005.

[5] 中国城镇供水协会.《供水管道工》[M]. 中国建筑工业出版社，2005.

[6] 中华人民共和国住房和城乡建设部. GB 50268—2008《给水排水管道工程施工及验收规范》[S]. 中国建筑工业出版社，2008.

[7] 北京市市政工程设计研究总院.《给水排水设计手册》[M]. 中国建筑工业出版社，2004.

[8] 中华人民共和国住房和城乡建设部. GB 50015—2003《建筑给水排水设计标准》[S]. 中国建筑工业出版社，2003.

[9] 王增长，高羽飞.《建筑给水排水工程（第六版）》[M]. 中国建筑工业出版社，2010.

[10] 董健全，丁宝康，施伯乐.《数据库实用教程（第三版）》[M]. 清华大学出版社，2007.

[11] 汤小丹，梁红兵，哲凤屏.《计算机操作系统（第4版）》[M]. 西安电子科技大学出版社，2014.

[12] 谢希仁.《计算机网络》[M]. 电子工业出版社，2013.

[13] 万楚军，裴潇.《会计学原理》[M]. 华中科技大学出版社，2013.

[14] 孙一玲，张玉玲，樊薇.《基础会计学》[M]. 立信会计出版社，2016.

[15] 王惠敏，金鑫.《会计学》[M]. 清华大学出版社，2014.

[16] 谢瑞峰，李慧思.《初级会计学》[M]. 经济科学出版社，2015.

[17] 邵瑞庆，顾玉芳.《会计原理》[M]. 立信会计出版社，2014.

[18] 王竹萍，詹毅美，黄静如.《会计学原理》[M]. 西南财经大学出版社，2016.

[19] 谢涛，师艳.《会计学原理》[M]. 立信会计出版社，2014.

[20] 王春燕，李占国.《会计学》[M]. 中国物价出版社，2001.

[21] 国家发展改革委.《国家发展改革委、住房城乡建设部关于加快建立完善城镇居民用水阶梯价格制度的指导意见》发改价格（2013）2676号. 国家发展改革委，2013.

[22] 国家发展改革委.《国家发展改革委、住房城乡建设部关于加快建立完善城镇居民用水阶梯价格制度的指导意见》发改价格（2010）2613号. 国家发展改革委，2013.

[23] 全国人民代表大会常务委员会.《中华人民共和国会计法》[M]. 中国法制出版社，2017.

[24] 国家发展改革委.《关于做好城市供水价格管理工作有关问题的通知》发改价格（2009）1789号. 国家发展改革委，2009.

[25] 刘遂庆. 供水管网漏损评定标准及其控制的关键技术 [J]. 给水排水，2008，34（11）.

[26] 陆韬，刘燕，李佳. 我国供水管网漏损现状及控制措施研究 [J]. 复旦学报（自然科学版），2013（06）.

[27] 刘锁祥，赵顺萍，曹楠. 供水管网漏损控制研究和实践 [J]. 中国给水排水，2015（10）.

[28] 加里·阿姆斯特朗.《市场营销学》[M]. 中国人民大学出版社，2007.

[29] 潘慕元. 公共企事业单位"参照执行"条款的解读 [D]. 浙江大学.

[30] 朱芒. 公共企事业单位应如何信息公开 [J]. 中国法学，2013（02）.